工廠叢書 93

U0034455

機器設備維護管理工具書

陳力偉　編著

憲業企管顧問有限公司　　發行

《機器設備維護管理工具書》

序　言

　　現代企業的科技飛速發展，日新月異，生產領域的生產設備更是急速發展，企業設備雖是不斷朝著大型化、自動化、流程化、電腦化、智慧化、技術化方向邁進，但企業設備操作運行人員逐漸減少，而檢查、維修的難度及資源的投入越來越多，而檢查維修人員需要掌握的技術越來越高、日益複雜。

　　鮮明對比的是，企業的設備維修和管理，反而出現一定程度的倒退，企業設備的技術進步，大大超前於維修管理的進步。這將使企業在發展中付出巨大的成本、安全代價，大大削弱企業的競爭能力。

　　有許多企業的生產設備卻擺在現場，沒有發揮應有的流暢高效作用，企業飽受操作失誤、工傷事故、故障停機、不良投訴、計劃難達成、廢品報損等困擾。還有一些企業，設備更是長期缺乏保養，髒汙銹蝕，除了開關外無處敢碰，根本無法保障設備穩定運轉，並且有嚴重的安全隱患……………………。

2014 年 8 月台灣的高雄市，由於石化公司埋在地下的管道腐蝕，沒有適時的維護修理，瞬間造成大爆炸，死傷人員無數，震驚世界。因而，如何保證設備能按預期正常運轉，如何確保機器不會爆炸出事，如何延長設借使用壽命，提高生產效率，減少折舊損失，成為企業設備管理者的「心病」。

　　本書內容豐富，有關設備部的組織結構與工作職權、、行政管理，設備的採購管理、安裝管理、調試管理、設備維護、設備潤管、設備檢修、設備維修、故障分析與排除、設備費用管理、設備預算管理、備件管理工作……都進行有系統的介紹。不僅詳細介紹機器設備部的具體工作內容，具體職責，相關的制度、表格、辦法、流程、方案，**全書實用性很強，是最佳參考工具書。**

　　針對設備部門每一項工作，本書都有詳細的說明指導，**本書可作為企業管理工作者、總經理、設備經理、生產經理、設備處員工、維修主管的必備工具手冊。**

2014 年 10 月於日月潭

《機器設備維護管理工具書》

目　錄

第一章　機器設備的概論 / 10

　　機器設備種類繁多，功能各異。爲使用及管理的方便，必須對設備進行分類，針對不同設備，採用不同的管理方法。

第二章　機器設備的工作職責 / 21

　　企業的設備管理責任重大，建立設備的工作崗位專責制，明確規定責任，是加強設備在使用階段保管的好辦法。

第三章　機器設備的編號 / 31

　　企業管理部門要進行資產管理，對所有生產設備必須按規定的分類進行資產編號，建立和完善必要的基礎數據，並做好資產的變動管理，是設備基礎管理工作的重要內容。

第四章　機器設備的驗收 / 43

　　設備驗收工作由購置設備的部門或設備主管負責，按照規範進行驗收。無論是新訂購的設備、自製設備以及修理完工的設備在安裝前都必須進行驗收。設備的安裝驗收及使用初期管理，是設備前期管理環節，也是檢驗管理成果。

第五章　機器設備的安裝調試 / 51

　　設備安裝工作由購置設備的部門或設備主管負責，按照規範和各類設備安裝施工規定，進行驗收。設備運行的可靠性，不僅取決於加工質量，還取決於安裝質量。設備的安裝調試工作，是保證設備按期投產和設備運行質量的重要環節。

第六章　機器設備的使用 / 67

設備驗收工作由購置設備的部門或設備主管負責，按照規範進行驗收。設備主管必須根據設備特點，建立一套管理制度，以保證設備的合理使用。

第七章　機器設備的維修保養(一)：機器的潤滑 / 78

機械設備中有許多做相對運動的摩擦副，最容易磨損、損壞而導致設備不能正常工作，針對機器的潤滑，可以降低摩擦阻力，減緩磨損，對機械設備的正常運轉、延長其工作壽命起著十分重要的作用。

第八章 機器設備的維修保養（二）：機器的檢查 / 93

設備隨著生產運行而劣化，會逐漸損耗，設備管理員應掌握其變化，對設備進行檢查診斷，儘早發現不良地方，判斷並排除不良因素，確保設備的安全運行。

第九章 機器設備的維修保養（三）：主動維修計劃 / 160

機械設備的維護保養是為保持機械的正常運作狀態、延長使用壽命必須進行的日常工作。設備維修計劃是維修管理最重要的部份，設備維修計劃包括維修作業計劃和作業進度計劃兩部份，維修作業計劃主要側重於任務安排，而作業進度計劃的目的在於落實某具體維修工作的日程進度。

第十章　機器設備的維修保養（四）：故障的分析 ／ 202

故障是一種不合格的狀態，喪失了規定的功能，造成不能工作，動作不穩或性能降低。在確定故障判斷時，還要分析故障後果，故障是否影響設備性能和對人身的安全。

第十一章　機器設備的維修保養（五）：機器故障的排除／225

在設備運行過程中，判斷設備運行狀態，根據診斷參數，找出故障部位、故障性質、故障原因，提出排除故障的方法。

第十二章　機器設備的維修預算 / 255

爲了合理地生產，壓縮庫存，加速資金週轉，及時地供應質量高、性能好、符合技術要求的備件，設備主管應加強機器設備的備件管理。ABC 分類控制的應用、設備的更新、維修費用計劃的編制……都是重要環節。

第十三章　機器設備的維護保養管理制度 / 275

機械設備的維護保養是為保持機械的正常運作狀態、延長使用壽命必須進行的工作，應嚴格按機器保養規程、保養管理制度做好各工作，使機器設備經常處於良好的技術狀態，隨時投入運行，提高效率。

第 一 章

機器設備的概論

1 機器設備的分類

　　企業的機器設備種類繁多，大小不一，功能各異。為了設計、製造使用及管理的方便，必須對設備進行分類。分類的標準一般有使用性質、設備用途及適用範圍等。

1. 按使用性質分類

　　這種分類方法是以現行會計制度為依據的，它是按機器設備使用的性質來進行分類。

　　一般可以分為如下幾種：

　　(1)生產用機器設備。指發生直接生產行為的機器設備。如動力設備、起重運輸設備、電氣設備、工作機器及設備、測試儀器及其他生產用具等。

　　(2)非生產用機器設備。主要指企業中福利、教育部門和專設的科研機構等單位所使用的設備。

⑶未使用機器設備。指未投入使用的新設備和存放在倉庫準備安裝投產或正在改造、尚未驗收投產的設備等。

⑷不需用設備。指不適合本單位需要、已報請上級等待調出處理的各種設備。

2.按設備用途分類

這是一種應用非常廣泛的分類方法，是設備常用的分類方法，一般分類如下：

⑴動力機械。它是用做動力來源的機械，也就是原動機。如日常機器中常用的內燃機、電動機、蒸汽機以及在無電源的地方使用的聯合動力裝置。

⑵金屬成型機械。指除金屬切削加工機床以外的金屬加工機械。如鍛壓機械、鑄造機械等。

⑶金屬切削機械。指對機械零件的毛坯進行金屬切削加工用的機械。由於其產品的工作原理、結構性能特點和加工範圍的不同，又分為車床、鏜床、鑽床、齒輪加工機床、磨床、螺紋加工機床、銑床、拉床、刨插床、電加工機床、鋸床和其他機床等類。

⑷起重運輸機械。用於在一定距離內運移貨物或人的提升和搬動機械。如各種起重機、運輸機、升降機、捲揚機等。

⑸交通運輸機械。用於長距離載人和物的機械。如飛機、汽車、火車、船舶等。

⑹通用機械。指廣泛用於工農業生產各部門、科研單位、國防建設和生活設施中的機械。如泵、閥、製冷設備、壓氣機和風機等。

⑺專用機械。指各部門生產中所持有的機械。如冶金機械、採煤機械、化工機械、石油機械等。

⑻工程機械。指在各種建設工程設施中，能夠代替笨重體力勞動的機械與機具。它包括挖掘機、鏟運機、工程起重機、壓實機、打樁

機、鋼筋切割機、混凝土攪拌機、裝修機、路面機、鑿岩機、軍工專用工程機械、線路工程機械以及其他專用工程機械等。

(9)農業機械。指用於農、林、牧、副、漁業等各種生產中的機械。如拖拉機、排灌機、林業機械、牧業機械、漁業機械等。

(10)輕工機械。指用於輕紡工業部門的機械。如紡織機械、食品加工機械、印刷機械、制藥機械、造紙機械等。

3.按設備的適用範圍分類

可分為通用機械及專用機械兩種。

(1)通用機械。泛指各部門中廣泛應用的機器設備。如用於製造、維修機器的各種機床,用於搬運、裝卸用的起重運輸機械,以及用於工業和生活設施中的泵、閥、風機等均屬於通用機械。

(2)專用機械。指各部門或行業為完成某個特定的生產環節、特定的產品而專門設計、製造的機器,這些機器只能在特定部門、特定的生產環節中發揮作用,不具有普遍應用的能力和價值。如冶金工業中的冶煉、軋製設備;紡織工業中的紡織機械;地質部門的勘探機械;鐵路運輸中的機車等。

4.按設備的技術性質分類

機械製造企業通常將其生產設備按技術的性質分為兩大類 10 大項。具體如圖 1-1 所示。

圖 1-1　按設備技術性質分類示意圖

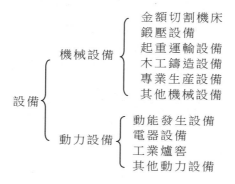

設備
- 機械設備
  - 金額切割機床
  - 鍛壓設備
  - 起重運輸設備
  - 木工鑄造設備
  - 專業生產設備
  - 其他機械設備
- 動力設備
  - 動能發生設備
  - 電器設備
  - 工業爐窯
  - 其他動力設備

2 機器設備的組成

企業的機器設備是由動力部份、傳動部份、工作部份及控制部份組成。

1. 動力部份

機器設備的動力部份是驅動機器運轉的動力。常見的動力設備有電動機、內燃機、汽輪機及在特殊情況下應用的聯合動力裝置，機器設備依靠這些動力裝置來驅動機器運動做功。

電動機是將電能轉化為機械能的動力裝置，電動機可分為交流電動機和直流電動機兩種。

內燃機是指燃料直接在發動機汽缸內部燃燒所產生的熱能轉化為機械能的動力機械。內燃機按其結構來區分，種類繁多。現代以往復活塞式使用汽油或柴油等液體為燃料的汽油機和柴油機的應用最為廣泛。

2.傳動部份

機器設備一般是通過傳動部件將動力機構的動力和運動傳給機械的工作部份。所以機器的傳動部份是位於動力部份和工作部份之間的中間裝置。傳動裝置是機器的重要組成部份之一，它在一定程度上決定了機器的工作性能、外形尺寸和重量，也是選型、維護、管理的關鍵部份。機器設備的常見傳動類型如圖 1-2。

圖 1-2　機器設備常見的傳動類型

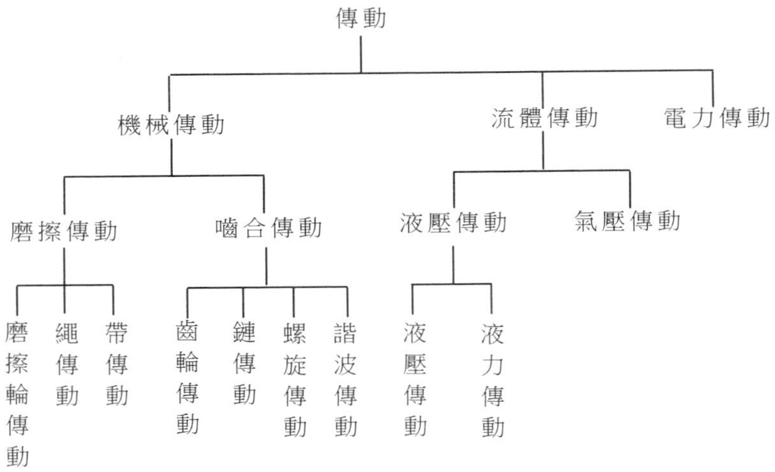

```
                              傳動
        ┌──────────────────────┼──────────────┐
     機械傳動                 流體傳動        電力傳動
   ┌──────┴──────┐        ┌──────┴──────┐
 磨擦傳動      嚙合傳動    液壓傳動      氣壓傳動
 ┌─┼─┐      ┌─┬─┬─┐    ┌─┴─┐
磨 繩 帶    齒 鏈 螺 諧   液   液
擦 傳 傳    輪 傳 旋 波   壓   力
輪 動 動    傳 動 傳 傳   傳   傳
傳         動    動 動   動   動
動
```

3.主要工作部份

工作部份是使加工對象發生性能、狀態、幾何形狀和地理位置等變化的那部份機械。如車床的刀架、紡紗機的綻子、車輛的車廂、飛機的客艙與貨艙等。

主要工作部份是機器設備直接進行生產的部份，是一台機器的用途、性能綜合體現的部份，也是體現一台機器的技術能力和水準的部位。它標誌著各種機器的不同特性，是機器設備主要區分和分類的依據。

4.控制部份

控制裝置是為了提高產量、質量、減輕人們的勞動強度，節省人力、物力等而設置的那些控制器。

控制系統就是由控制器和被控對象組成的。不同控制器組成的系統也不一樣：由手動操縱代替控制器的手動控制系統；由機械裝置作為控制器組成的機械控制系統；有氣壓、液壓裝置做控制器的氣動、液壓控制系統；有電子裝置或電腦作為控制器的電子或電腦控制系統等。

3 機器設備的分類管理

1.重點設備分類管理定義

重點設備管理法是現代管理方法的 ABC 管理法，在設備管理中的應用。它是按照設備在生產經營中的地位不同，把設備分為重點設備（一般是 A 類設備）與非重點設備（一般是 B 類設備與 C 類設備），然後再加以分類管理。

2.重點設備的評定方法

對重點設備的評定，一般採用綜合評價法。這是一種在定量分析基礎上，從系統的整體觀點出發，綜合各種因素的評定方法，它由以下幾個部份組成。

(1)評價因素(標準)

綜合評價法採用多種評價因素。確定重點設備的基本因素是：設備在綜合效率(P：產量；Q：質量；C：成本；D：交貨期；S：安全；

M：勞動）方面影響的程度大小。

表 1-1　選定重點設備的依據

影響因素	選定依據
生產方面	1. 單一設備，關鍵工序的關鍵設備（包括加工時間較長的設備） 2. 多品種生產的專用設備 3. 最後精加工工序無代用設備 4. 經常發生故障，對產量有明顯影響的設備 5. 產量高，生產不均衡的設備
質量方面	影響質量很大的設備 質量變動大，技術上粗精不易分開的設備 發生故障，即影響產品質量的設備
成本方面	加工貴重材料的設備 多人操作的設備 消耗能源大的設備（包括電能、熱能） 發生故障，造成損失大的設備
安全方面	嚴重影響人身安全的設備 冷氣機設備 發生故障，對週圍環境保護及作業有影響的設備
維修性方面	技術複雜程度大的設備 2. 備件供應困難的設備 3. 易出故障，且不好修理的設備

　　由於設備的類型、技術特點、使用要求的不同，應該對不同類型、技術特點、使用要求的設備，選擇自身的評價因素，並各有側重。例如，對於金屬切削機床來說，安全問題影響不太大，就可以不列入評價標準，而對於起重設備，安全問題較突出，因而必須列入評價標準。

(2)評分標準

表 1-2　設備評分表

序號	項目	評分標準	評價標準
1	發生故障時對其他設備的影響程度	5/3/1	影響全廠的 影響局部的 只影響設備本身的
2	發生故障時有無代用設備	5/3/1	無代用設備，或雖有代用設備，但仍直接影響全廠生產計劃的 有代用設備，但使用代用設備後影響工廠生產計劃的 有代用設備，使用代用設備後對生產基本無影響的
3	開動形態	3/2/1	三個班次開動的 兩個班次開動的 單班開的
4	加工對象的生產階段	5/3/1	產品部件或關鍵零件最後加工工序 一般精細加工或半精加工 精加工
5	加工對象的質量要求	3/1	對加工零件精度有決定性影響 對加工零件精度無決定性影響
6	故障修理的難易程度	5/3/1	1. 30F 以上或備件需向國外訂貨的 2. 15F～20F 3. 14F 以下
7	發生故障時對人和環境的影響	5/3/1	發生故障時易爆或易發生火災的 發生故障搶修時需停止設備運轉的 無特殊影響的設備
8	設備原值	5/3/1	原值 20 萬元以上 原值 3～20 萬元 原值 3 萬元以下

備註：F 為設備的複雜係數

在同一評價因素內部，根據重要程度、影響程度不同，分別給予相應的分數。由於每一個因素情況不同，可以分別規定幾個檔次及其相應的分數。例如，情況比較簡單的，一般分三個檔次：最重要或影響最大的，規定為 5 分；中間狀態的規定為 3 分；最小的規定為 1 分（見上表 1-2）。

(3)設備分類

依據上述評價因素和評分標準，對每台設備進行評定。在設備得分總和的基礎上進行設備分類，有的企業把設備分成三大類：A 類為重點設備；B 類為主要設備；C 類為一般設備。也有的企業劃分為四大類：A 類為重點設備；B 類為主要設備；C 類為一般設備；D 類為次要設備。以四類劃分，檔次比較少的(5、3、1)為例，規定得分總和 20 分以上為 A 類重點設備；12～19 分為 B 類主要設備；6～11 分為 C 類一般設備；5 分或 5 分以下為 D 類次要設備。

3.不同設備級別的管理方法

針對不同類型的設備，應採用不同的管理方法，包括不同的完好標準要求，以及不同的日常管理標準、維修對策和備件管理、資料檔案、設備潤滑等，以四類設備為例。

(1) A 類設備：

①每年進行 1～2 次精度調整，主要項目的精度不可超差。

②每月抽查 5～10%。

③抽查合格率達 90%以上。

(2) B 類設備：

①按規定完好標準每月抽查 5～10%。

②抽查合格率達 87%以上。

(3) C 類設備：

①做到整齊、清潔、潤滑、安全，滿足生產要求。

②每月抽查 5%。

③抽查合格率達 87%。

⑷ D 類設備：與 C 類設備要求相同。

表 1-3　不同設備級別的日常管理標準

設備類別＼項目	日常檢點	定期檢點	日常保養	一級保養	憑證操作	操作規程	故障率（%）	故障分析
A	√	按高標準	檢查合格率100%	檢查合格率95%	定人定機合格率100%	專用	≤1	分析摸索維修規律
B	√	按一般要求	檢查合格率95%	檢查合格率90%	定人定機合格率95%	通用	≤1.5	一般分析
C	×	×	檢查合格率90%	檢查合格率85%	定人定機合格率90%	通用	2.5	×
D	×	×	定人清掃保養	定期保養	×	通用	≤3	×

表 1-4 不同設備級別的維修對策

項目 設備 類別	方針	大修	預修	精度調整	改善性維修	返修率（%）	維修記錄	維修力量配備
A	重點預防維修	√	√	所有精密大型設備	重點實施	2	100%	1. 應投入維修力量的 40% 2. 安排技術熟練水準高的維修人員
B	預防維修	√	√	×	實施	2.5	98%	1. 應投入維修力量的 55% 2. 安排技術熟練效高的維修人員
C	事後維修	×	×	×	×	×	填寫「病歷卡」	1. 應投入維修力量的 5% 2. 安排一般技術的維修人員
D	事後維修	×	×	×	×	×	×	同 C 類設備

表 1-5 不同設備級別的備件管理、資料檔案要求

項目 設備 類別	備件管理		資料檔案			設備潤滑				
	管理要求	儲備方式	說明書	備件圖冊	技術檔案	潤滑五定		計劃換油		治漏率
						圖表	卡片	完成率	對號率	
A	1. 建卡、確定最高最低儲備量 2. 供應率 100%	零件	95%	90%	98%	90%	100%	95%	95%	95%
B	1. 同 A 類 2. 供應率 90%	零件	90%	85%	90%	85%	100%	90%	90%	90%
C	1. 建卡 2. 供應率	零件	50%	50%	50%	70%	100%	80%	80%	80%
D	同 C 類	零件	50%	50%	50%	70%	100%	80%	80%	80%

第 二 章

機器設備的工作職責

1 機器設備的工作崗位職責制

設備的崗位專責制，是本著設備誰使用、誰管理、誰負責的原則，明確規定保管責任，是加強設備在使用階段保管的好辦法。崗位專責制的形式有以下幾種。

1. 定人定機制

定人定機制的目的，是要使設備維護保養的各項規定落實到人。其原則要求是：每一個操作人員固定使用一台設備；自動生產線或一人操作多台設備時，應根據具體情況制定相適應的定人定機保管辦法；公用設備應指定專人負責保管；多人操作的大型設備，由工廠指定機台長，負責對該設備維護保養。為了發揮機組內每一個人管好設備的積極性，應把設備的每一個環節、部位、部件的使用、保管和維護保養，具體落實到每個機組成員。實行定人定機制的好處是：把保管的責任落實到操作者本人，使設備保管建立在牢固的群　基礎上。

不足之處是沒有考慮維修人員在設備保管中的責任。

2.包機制

根據設備的技術特點、生產條件的不同,包機制又有以下幾種形式:

①雙包合約制。這是通過操作人員和檢修人員簽訂雙包合約的辦法,把操作人員和檢修人員一起組織到包機制中來。雙包合約,規定了雙方在設備管理方面的職責。檢修人員的職責,一般規定為:教會操作人員使用維護設備的方法;幫助操作人員掌握設備性能、結構和工作原理;定期檢查設備保養情況;及時完成檢修任務,保證檢修質量。這種制度一般用在單人操作的設備上。

②多工種包機制。這是把圍繞設備進行工作的幾個工種的人員(如化學工業生產裝置上共同工作的機修工、電氣工、儀錶工、管子工以及其他工種人員)組成包機組,簽訂合約,分工負責,共同負責管好、用好設備。

③區域包機制。這是在生產活動比較分散的情況下採用的。具體辦法是把生產區域分成幾個片或地段,把操作人員同檢修人員對口組織起來,實行包機制。

心得欄 _____

_____

_____

_____

_____

_____

2 設備主管的工作崗位職責

由於設備在企業生產過程中處於一種核心地位，設備管理的責任重大；設備主管的崗位職責如下：

1. 選擇和評價設備

根據技術上先進、經濟效益上合理和生產上需要的原則，正確地選擇設備。同時要進行技術評價，以選擇最佳方案。

2. 制定企業設備長期規劃與大修計劃

(1)擬定企業設備更新改造，大修理中、長期規劃，報企業審查後，分步驟加以實施。

(2)審查生產設備更新改造和大修理計劃，並協調實施。

(3)制訂提高生產設備管理水準的規劃和措施。

(4)編寫、審核有關規章制度、技術規程、技術標準。

(5)加強對生產設備管理部門的指導，調查研究設備管理問題，監督各項政策、計劃的貫徹執行。

3. 指導操作工人正確使用設備

針對設備的特點，指導員工正確、合理地使用設備、安排生產任務，可以減輕設備的磨損、延長使用壽命，防止設備和人身事故；減少和避免設備閒置，提高設備利用率等。

4. 檢查、保養和修理設備

它是設備管理的中心環節，是工作量最大的部份。

要合理地制訂設備的檢查、保養和修理計劃及採用先進的檢修技術並實施；組織維修所用備品和配件的供應儲存等。

5.改造與更新設備

根據企業生產經營的規模、產品品種、質量和發展新產品、改造老產品的需要，有計劃、有重點的對現有設備進行改造和更新。

6.設備的分類、編號和登記

企業的設備一般分為生產設備和非生產設備兩大類。生產設備是指直接用於生產產品的設備，即從原材料投入生產開始到產品出廠前為止，整個生產過程中所使用的各種設備。

非生產設備是指不直接用於產品生產的設備。如基本建設、科研試驗和管理上用的設備等。生產設備又分為主要生產設備和非主要生產設備。主要生產設備一般指企業已安裝的 5 個複雜係數以上的生產設備。主要生產設備分為機械設備和動力設備兩大項共 10 類，每一類又分 10 小類，每小類又分為 10 組。

在設備分類編號的基礎上，由設備管理部門填寫「設備投產移交單」，交給使用單位驗收。在移交驗收的同時，使用單位和財務部門共同登記「固定資產卡」和「設備台賬」，並定期覆查核對。設備的變動、折舊等，均要在賬冊上反映出來。

7.設備的封存與遷移

企業對閒置不用或停用三個月以上的設備，應提出計劃，經生產部門和設備管理部門審核，報企業批准後進行封存。

封存的設備應採取防塵、防潮、防鏽等措施，並要定期維護和檢查。

當企業生產技術改變需要遷移設備時，必須由生產部門提出方案，經設備管理部門審查，企業批准後，辦理遷移手續後方可遷移。

8.設備的調出和報廢

對企業已不適用、長期閒置不用或利用率極低的設備應予調出。對要調出的設備，需報有關部門批准，並做好賬務處理後方可調出。

　　設備超過使用年限，或因結構陳舊、精度低劣、生產效率低、能源消耗高，或因事故造成損壞無法修復，或經濟上、技術上不值得修復改裝的均可報廢。凡是要報廢的設備，要使用部門提出申請，設備管理部門組織有關部門進行技術鑑定，並報請企業主管批准後，方可報廢。

9. 設備的事故處理

　　因非正常損壞而導致設備效能降低或不能使用，均為設備事故。企業應採取積極有效措施，預防各種事故的發生。當設備發生事故後，應積極組織搶修，分析原因，嚴肅處理，從中吸取經驗教訓，並採取有效措施，防止類似事故的再發生。

　　凡是人為的原因所發生的設備事故，應按情節輕重對責任人給予處分。對重大設備事故及設備情況要及時向上級主管部門報告。

10. 設備技術資料的管理

　　建立設備檔案，積累設備技術資料，加強設備資料的管理，是做好設備管理的重要環節。設備檔案一般包括：設備出廠檢驗單、設備到廠驗收單、設備安裝工程記錄單、試車記錄單、設備歷次修理完工報告單和質量檢驗單、設備修理卡片、定期檢查記錄、設備的全套圖紙、說明書及檢修技術文件等。

　　設備檔案是保證設備正確的使用、檢查和維護修理的重要依據。通過對設備技術資料的分析，可以掌握設備的技術狀況和零件磨損的程度，從而制定出切合實際的檢查修理計劃，預防設備事故的發生。

11. 檢查指導生產設備管理

　　設備主管對生產設備管理工作狀況負責進行檢查指導，對發現有違犯有關規章制度、規程標準的，予以批評、制止或提出處理意見。

12. 考核生產崗位工作

　　設備主管對生產工作中認真貫徹設備管理規定負責，對保證按

期、按質、按量完成生產的工作計劃負責,檢查考核生產各崗位工作,進行批評表揚,提出獎懲意見。

3 設備檢修計劃員的工作崗位職責

1. 業務工作

⑴提供設備檢修需用圖紙,下發設備檢修和措施項目圖紙資料。

⑵報送各類計劃。

⑶負責檢修計劃的交底。

⑷參加年度設備大檢修準備工作;編寫年度公司系統停車大修理計劃;起草檢修準備彙報材料;統計年度設備大檢修各種數據;參與年度設備大檢修總結。

⑸對不具備施工條件的設備檢修項目(缺圖紙、資料、材料、設備等)有權拒絕安排檢修計劃。

⑹有權檢查各單位檢修及措施計劃的執行情況。

2. 編制檢修計劃

⑴編制公司主要設備檢修間隔期和停車檢修時間計劃。

⑵編制、彙總公司設備年、季、月預修計劃。

3. 匯總下列計劃

⑴年度設備預修理計劃。

⑵年度設備更新計劃。

⑶年度設備大修理材料計劃。

⑷年度設備大修理備品配件計劃。

⑸年度設備更新材料計劃。

⑹壓力容器、起重機械年度全面檢驗計劃。

4.建立、健全有關管理台賬

⑴年度設備大修理項目及完成情況統計台賬。

⑵年度設備更新及完成情況統計台賬。

⑶年、季、月設備檢修項目及完成情況統計台賬。

⑷計劃外大、中、小修項目及完成情況統計台賬。

⑸臨時檢修項目及完成情況統計台賬。

維修班長的工作崗位職責

1.業務範圍

(1)貫徹執行設備管理制度及各項規定。

(2)掌握生產技術，熟知主要設備的生產條件。

(3)掌握和熟悉本工廠設備的檢修技術規程及有關技術標準。

(4)組織維修人員做好設備的檢修工作。

(5)定期參加生產部門的設備檢查、評級，對設備缺陷、跑、冒、滴、漏及時採取措施，予以消除。

(6)負責本班組人員的技術業務學習，提高員工素質。

(7)負責處理有關報表。

(8)對違章操作的員工提出勸阻，對不聽勸阻的員工提出批評教育和懲處意見。

2.現場巡廻檢查下列情況

⑴設備狀況（潤滑、密封、腐蝕）。

⑵建（構）築物狀況。

⑶有無洩漏狀況。

⑷檢修質量及進展狀況。

5 設備部門的職責考核

1.主要考核項目及標準

(1)全廠設備完好率：標準 94%，按每升降 2%加扣分。

(2)本部門設備完好率：標準 95%，按每升降 20%加扣分。

(3)大修計劃實現率：按計劃 100%完成，單台大修設備提前完成加分，誤期扣分。

2.基本職責考核項目及指標

(1)設備管理檢查的考核指標

①經抽查，發現設備沒統一編號或固定資產賬卡，扣分。

②沒有檢查，或兩週檢查，但只檢查了主要工廠的主要設備，扣分。

③沒有檢查，或只檢查了部份主要工廠，扣分；全廠單項設備完好率完成每高於或低於上級下達指標加，扣分。

④對於設備事故只調查，卻遲遲不做出處理，事故責任者沒有受到應有教育（或處分），設備不能及時修復而影響了生產（每發現一台扣 1 分）。

　　⑤抽查設備的建檔情況，技術資料不齊全、不準確，沒有建檔的扣分。

　　⑥經檢查驗收的設備，不符合設備驗收規定，或備品配件、技術文件不齊全，扣分。

　　⑦各種報表出現差錯，扣分。

　　⑧總結報告拖期，扣分。

　　(2)編制預修計劃的考核指標

　　①編制的檢修計劃，沒按期下達扣分。

　　②經大修後的設備，在保證期內，不能正常運轉扣分。

　　③按檢修計劃，沒有完成大修計劃而影響生產扣分。

　　④按更新和改造計劃而更新的設備在保證期內不能正常運轉扣分。

　　⑤屬於設備部門的原因未實現計劃扣分。

　　(3)電力管理的考核指標

　　①由於工作人員失職造成的停電而影響生產或生活扣分。

　　②發生責任停電事故扣分。

　　③沒有按期進行變電所的安全大檢查扣分。

　　(4)備品配件的考核指標

　　①編制的設備配件計劃考慮不週，致使生產前鬆後緊，扣分。

　　②備件製造質量差，未按需要配件（備件）計劃供應，而造成生產停產，扣分。

　　③編制的計劃不全，有影響檢修的漏洞，編制的計劃、品種與規程型號有錯誤，造成庫存積壓和影響備件儲備量超定額，扣分。

　　(5)設備圖校及技術文件管理的考核指標

　　①賬物相符低於規定標準，扣分。

　　②對於投入大、中修的設備，缺乏完整的修理方案，扣分。

③設備的技術資料不完善，不齊全，扣分。

(6)編制工具生產和購置計劃的考核指標

①進口設備的各種技術資料發現有缺少，扣分。

②自製設備及外購設備的易損零件圖，或易損零件圖的錯誤，已給生產造成了損失扣分；計劃延期，扣分。

③未能按期檢查計劃執行情況，扣分；編制的計劃有漏洞，酌減扣分；按自製計劃要求，品種與規格不齊全，扣分；應修並且能修復的量具，責任心不強沒有修復，扣分。

(7)工具補充、製造與購置的考核指標

①沒有按計劃要求的進度，部份品種、規格拖期，扣分。

②外購工具，沒有按本廠要求或有關技術標準採購，視其情節扣分。

(8)工具管理與監督的考核指標

①工具管理制度與崗位責任制平均貫徹率低於標準，扣分。

②工具管理機構不健全，扣分。

③工具管理沒按規定，扣分。

(9)工具總庫存管理的考核指標

庫存管理制度貫徹率低於標準，扣分，工具保管相符率低於標準，扣分；工具保養未達到要求，扣分。

第 三 章

機器設備的編號

1 機器設備的編號管理

設備資產是企業固定資產的重要組成部份，是進行生產的技術基礎。

設備資產管理是指企業設備管理部門對屬於固定資產的機械、動力設備進行的資產管理。要做好設備資產管理工作，設備管理部門、使用單位和財會部門必須同心協力、互相配合。設備管理部門負責設備資產的驗收、編號、維修、改造、移裝、調撥、出租、清查盤點、報廢、清理、更新等管理工作。使用單位負責設備資產的正確使用、妥善保管和精心維護，並對其保持完好和有效利用直接負責；財會部門負責組織制訂固定資產管理責任制度和相應的憑證審查手續，並協助各部門、各單位做好固定資產的核算及評估工作。

設備資產管理的主要內容包括生產設備的分類與資產編號、重點設備的劃分與管理、設備資產管理的基礎數據的管理、設備資產變動

的管理。

　　準確地統計企業設備數量並進行科學的分類,是明確職責分工、掌握固定資產構成、分析工廠生產能力、編制設備維修計劃、進行維修記錄和技術數據統計分析、開展維修活動分析的一項基礎工作。設備分類的方法很多,可以根據不同需要從不同角度來劃分。

1. 先按編號要求分類

　　工業企業使用的設備品種繁多,為便於固定資產管理、生產計劃管理和設備維修管理,設備管理部門對所有生產設備必須按規定的分類進行資產編號,它是設備基礎管理工作的一項重要內容。

　　對設備進行分類編號的目的,一是可以直接從編號瞭解設備的屬類性質;二是便於對設備數量進行分類統計,掌握設備構成情況。為了達到這一目的,有關部門針對不同的行業對不同設備進行了統一的分類和編號。將機械設備和動力設備分為 10 大類別,每一大類別又分為若干分類別,每十分類別又分為若干組別,並分別用數字代號表示。

圖 3-1　設備編號方法

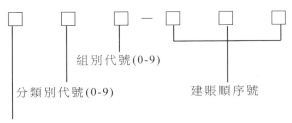

組別代號(0-9)

分類別代號(0-9)

建賬順序號

大類別代號(0-9)

　　屬於固定資產的設備,其編號由兩段數字組成,兩段之間為一橫線。表示方法如圖 3-1 所示。例如:順序號為 20 的立式車床,從《設備統一分類及編號目錄》中查出,大類別號為 0,分類別號為 1,組

類別號為 5。其編號為 015—020：按同樣方法，順序號為 15 的點焊機，其編號為 753—015。

　　對列入低值易耗品的簡易設備，亦按上述方法編號，但在編號前加「J」字，如砂輪機編號 J033—005，小台鑽編號 J020—010 等。對於成套設備中的附屬設備，如由於管理的需要予以編號時，可在設備的分類編號前標以「F」。

2.按設備管理要求分類

　　為了分析企業擁有設備的技術性能和在生產中的地位，明確企業設備管理工作的重點對象，使設備管理工作能抓住重點、統籌兼顧，提高工作效率，可按不同的標準從全部設備中劃分出主要設備、大型精密設備、重點設備等作為設備維修和管理工作的重點。

(1)主要設備

　　根據現行規定，凡修理複雜係數在 5 以上的設備稱為主要設備，此類設備將作為設備管理工作的重點。設備管理的某些主要指標，如完好率、故障率、設備建檔率等，均只考核主要設備。應該說明的是，企業在劃分主要設備時，要根據本企業的生產性質，不能完全以修理複雜係數為標準。另外，目前非標、專用設備越來越多，很難評定其複雜係數，企業更多依賴設備的價值、關鍵程度等經驗判斷設備是否重要。

(2)大型、精密設備

　　機器製造企業將對產品的生產和質量有決定性影響的大型、精密設備列為關鍵設備。

　　大型設備：包括臥式鏜床、立式車床、加工件在 $\varphi 1000mm$ 以上的臥式車床、刨削寬度在 1000mm 以上的單臂刨床、龍門刨床等，以及單台設備在 10t 以上的大型稀有機床。

　　精密設備：具有極精密機床組件（如主軸、絲杠），能加工高精度，

小表面粗糙度值產品的機床,如座標鏜床、光學曲線磨床、螺紋磨床、絲杠磨床、齒輪磨床,加工誤差 ≤ 0.002mm/1000mm 和圓度誤差 ≤0.001mm 的車床,加工誤差≤0.001mm/1000mm、圓度誤差≤0.0005mm 及表面粗糙度 Ra 值在 0.02～0.04mm 以下的外圓磨床等。

(3)重點設備

各企業應重視設備在生產中的作用,根據本單位的生產性質、質量要求、生產條件等,評選出對產品產量、質量、成本、交貨期、安全和環境污染等影響大的設備,劃分出重點設備,作為維修和管理工作的重點。列為精密、大型的設備,一般都可列入重點設備。

選定重點設備時,主要依據生產設備發生故障後和修理停機時對生產、質量、成本、安全、交貨期等諸方面影響的程度與造成生產損失的大小。

2 設備的各種基礎帳卡

設備資產管理的基礎數據包括設備資產卡片、設備編號台賬、設備清點登記表、設備檔案等。企業的設備管理部門和財會部門均應根據自身管理工作的需要,建立和完善必要的基礎數據,並做好資產的變動管理。

1. 設備資產的卡片

設備資產卡片是設備資產的憑證,在設備驗收移交生產時,設備管理部門和財會部門均應建立單台設備的固定資產卡片,登記設備的資產編號、固有技術參數及變動記錄,並按使用保管單位的順序建卡

片冊。隨著設備的調撥、新增和報廢，卡片位置可以在卡片冊內調整補充或抽出註銷。設備卡片見表 3-1。

表 3-1　設備卡片（正面）

輪廓尺寸：長		寬		高		質量/1	
國別		製造廠		出廠編號：			
主要規格				出廠年月：			
				投產年月：			
附屬裝置		名稱	型號、規格	數量			
					分類折舊年限：		
					修理複雜係數：		
					機	電	熱
資產原值：		資金來源：		資產所有權		報廢時淨值：	
資產編號：		設備名稱：		型號：		關鍵分類：	

設備卡片（背面）

	用途	名稱	型式	功率/kW	轉速/r.min-1	備註	
電動機							
變動記錄							
年月	調入單位		調出單位		已提折舊	備註	

2.設備的台賬

設備台賬是掌握企業設備資產狀況,反映企業各種類型設備的擁有量、設備分佈及其變動情況的主要依據。它一般有兩種編排形式:一種是按設備分類編號台賬,它以《設備統一分類及編號目錄》為依據,按類組代號分頁,按資產編號順序排列,便於新增設備的資產編號和分類分型號統計;另一種是按生產、班組順序排列編制使用單位的設備台賬,這種形式便於生產維修計劃管理及年終設備資產清點。以上兩種台賬匯總,構成企業設備總台賬。兩種台賬可以採用同一表格式樣,見表 3-2。

表 3-2　設備台賬

單位:　　　　　　　　　　　　　　　　　設備類型:

序號				
資產編號				
設備名稱				
型號	規格			
精、大、稀、關鍵設備				
複雜係數	機			
	電			
	熱			
配套電動機	台			
	kW			
總質量/t	輪廓尺寸			
製造廠(國)	出廠編號			
製造年月	進廠年月			
驗收年月	投產年月			
安裝地點				
分類折舊年限				
設備原值/元				
進口設備合約號				
隨機附件數				
備註				

　　對精、大、稀設備及機械工業關鍵設備，應另行分別編制台賬。企業於每年年末由財會部門、設備管理部門和使用保管單位組成設備清點小組，對設備資產進行一次現場清點，要求做到賬物相符；對實物與台賬不符的，應查明原因，提出盈虧報告，進行財務處理。清點後填寫設備清點登記表，見表 3-3。

表 3-3　設備清點登記表

序號				
資產編號				
設備名稱				
型號		規格		
配套電動機		台		
		kW		
製造廠(國)		出廠編號		
安裝地點				
用途		生產		
		非生產		
使用情況		在用		
		未使用		
		封存		
		不需用		
		租出		
資產原值/元		改造增值		
已提折舊/元				
備註				

3 設備的檔案

設備檔案是指設備從規劃、設計、製造、安裝、調試、使用、維修、改造、更新直至報廢的全過程中形成的圖樣、方案說明、憑證和記錄等文件數據。它彙集了設備一生的技術狀況，為分析、研究設備在使用期間的狀況、探索磨損規律和檢修規律、提高設備管理水準、對反饋製造質量和管理質量資訊，均提供了重要依據。

屬於設備檔案的數據有：

· 設備計劃階段的調研、經濟技術分析、文件和資料；

· 設備選型的依據；

· 設備出廠合格證和檢驗單；

· 設備裝箱單；

· 設備入庫驗收單、領用單和開箱驗收單等；

· 設備安裝質量檢驗單、試車記錄、安裝移交驗收單及有關記錄；

· 設備調用、借用、租賃等申請單和有關記錄；

· 設備歷次精度檢驗記錄、性能記錄和預防性試驗記錄等；

· 設備歷次保養記錄、維修卡、大修理內容表和完工驗收單；

· 設備故障記錄；

· 設備事故報告單及事故修理完工單；

· 設備維修費用記錄；

· 設備封存和啟用單；

· 設備普查登記表及檢查記錄表；

· 設備改進、改裝、改造申請單及設計任務通知書。

　　至於設備說明書、設計圖樣、圖冊、底圖、維護操作規程、典型檢修技術文件等，通常都作為設備的技術數據，由設備數據室保管和複製供應，不納入設備檔案袋管理。設備檔案數據按每台單機整理，存放在設備檔案內，檔案編號應與設備編號一致。

　　設備檔案袋由設備動力管理維修部門的設備管理員負責管理，保存在設備檔案櫃內，按編號順序排列，定期進行登記和數據入袋工作。要求做到：

- · 明確設備檔案管理的具體負責人，不得處於無人管理狀態；
- · 明確納入設備檔案的各項數據的歸檔路線，包括數據來源、歸檔時間、交接手續、數據登記等；
- · 明確登記的內容和負責登記的人員；
- · 明確設備檔案的借閱管理辦法，防止丟失和損壞；
- · 明確重點管理設備檔案，做到數據齊全，登記及時、正確。

　　隨著電腦的發展，上述文件可以電子文文件形式儲存，但項目、內容的完備性仍應具備。

心得欄

4 設備的庫存管理

設備庫存管理包括設備到貨入庫管理、閒置設備退庫管理、設備出庫管理以及設備倉庫管理等。

1. 新設備到貨入庫管理

新設備到貨入庫管理主要掌握以下環節：

· 開箱檢查：新設備到貨三天內，設備倉庫必須組織有關人員開箱檢查。首先取出裝箱單，核對隨機帶來的各種文件、說明書與圖樣、工具、附件及備件等數量是否相符；然後察看設備狀況，檢查有無磕碰損傷、缺少零件、明顯變形、塵砂積水、受潮銹蝕等情況。

· 登記入庫：根據檢查結果如實填寫設備開箱檢查入庫單。

· 補充防銹：根據設備防銹狀況，對需要經過清洗重新塗防銹油的部位進行相應的處理。

· 問題查詢：對開箱檢查中發現的問題，應及時向上級反映，並向發貨單位和運輸部門提出查詢，聯繫索賠。

· 資料保管與到貨通知：開箱檢查後，倉庫檢查員應及時將裝箱單、隨機文件和技術數據整理好，交倉庫管理員登記保管，以供有關部門查閱，並於設備出庫時隨設備移交給領用單位的設備部門。對已入庫的設備，倉庫管理員應及時向有關設備計劃調配部門報送設備開箱檢查入庫單，以便盡早分配出庫。

· 設備安裝：設備到廠時，如使用單位現場已具備安裝條件，可將設備直接送到使用單位安裝，但入庫檢查及出庫手續必須照

辦。

2.閒置設備退庫管理

閒置設備必須符合下列條件，經設備管理部門辦理退庫手續後方可退庫：

· 屬於企業不需要設備，而不是待報廢的設備；

· 經過檢修達到完好要求的設備，需用單位領出後即可使用；

· 經過清洗防銹達到清潔、整齊；

· 附件及檔案數據隨機入庫；

· 持有計劃調配部門發給的入庫保管通知單。

對於退庫保管的閒置設備，計劃調配部門及設備庫均應專設賬目，妥善管理，並積極組織調劑處理。

3.設備出庫管理

設備計劃調配部門收到設備倉庫報送的設備開箱檢查入庫單後，應立即瞭解使用單位時設備安裝條件。只有在條件具備時，方可簽發設備分配單。使用單位在領出設備時，應根據設備開箱檢查入庫單做第二次開箱檢查，清點移交；如有缺損，由倉庫承擔責任，並採取補救措施。

如設備使用單位安裝條件不具備，則應嚴格控制設備出庫，避免出庫後存放地點不合適而造成設備損壞或部件、零件、附件丟失。

新設備到貨後，一般應在半年內出庫安裝交付生產使用，越快越好；使設備儘早發揮效能，創造效益。

4.設備倉庫管理

· 設備倉庫存放設備時要做到：按類分區，擺放整齊，橫向成線，豎向成行，道路暢通，無積存垃圾、雜物，經常保持倉庫通風、無塵，庫容清潔、整齊。

· 倉庫要做好「十防」工作：防火種，防雨水，防潮濕、防銹蝕，

防變形,防變質,防盜竊,防破壞,防人身事故,防設備損傷;

· 倉庫管理人員要嚴格執行管理制度,支援「三不」收發,即:設備質量有問題尚未查清且未經主管作出決定的,暫不收發;票據與實物型號規格數量不符未經查明的,暫不收發;設備出、入庫手續不齊全或不符合要求的,暫不收發。要做到賬卡與實物一致,定期報表準確無誤。

· 保管人員按設備的防銹期向倉庫主任提出防銹計劃,組織人力進行清洗和塗油。

· 設備倉庫按月上報設備出庫月報,作為登出庫存設備台賬的依據。

心得欄 _____

_____

_____

_____

_____

_____

第 四 章

機器設備的驗收

1 設備進廠的驗收

設備主管在安裝設備前必須對所收到的設備進行驗收。無論是新訂購的設備、自製設備以及修理完工的設備在安裝前都必須進行驗收，避免重新安裝情況的出現。

儘管企業的倉庫管理人員在接收設備時進行了驗收，但設備主管在安裝前也不能馬虎，應再次驗收，以便及時發現問題，並進行補救。驗收的內容主要有：

①外包裝有無損傷。

②開箱前逐件檢查設備的件數、名稱是否與合約相符，並作好清點記錄。

③設備技術資料（圖樣、使用與保養說明書、備件目錄等）、隨機配件、專用工具、監測和診斷儀器、特殊切削液、潤滑油料、通訊器材等是否與合約內容相符。

④開箱檢查、核對實物與訂貨清單(裝箱單)是否相符,有無因裝卸或運輸保管等方面的原因,而導致設備殘損。設備驗收合格後,設備主管應填寫設備開箱驗收移交單(表 4-1)。

表 4-1　設備開箱驗收移交單

設備名稱		型號		規格	
資產編號		製造廠		使用廠房	
投資來源		出廠年月		出廠編號	
備品配件附件工具明細					
序號	名稱		型號規格	數量	備註
移交部門	月　日	設備科	月　日	使用部門	年　月　日

某塑膠廠的注塑機驗收作業程序:

①把設備運到使用生產工廠,放到欲安裝位置附近。

②拆箱時,設備管理人員應召集設備採購人員、設備製造方人員、運輸搬運人員及生產工廠負責人、技術技術員和操作工參加拆箱驗收工作。

③清除包裝箱上一切汙物,檢查包裝箱外觀,如發現有破損,查看是否損壞設備零件,如有損壞現象,應立即與有關部門交涉,查清責任者,必要時拍照留證。

④拆箱。先拆上蓋,然後四週側板,注意設備安全,不要被重物撞擊。

⑤先找出設備裝箱清單。內容應包括設備說明書、出廠合格證、設備易損件和附屬零件及清單說明等。

⑥核實設備名稱、規格及合格證是否相符，按照裝箱單清點零件，數量應與清單相符。

⑦用柴油清洗零件，查看是否有破損或銹蝕件。

2 大修完工設備的驗收

設備大修理完工後，在安裝前，一般要經過如下幾個步驟進行驗收。

①由承修人員進行檢驗。

②將設備交原使用工廠或部門，由使用人員進行使用檢驗。

③經使用檢驗合格後，設備部門填寫設備大修理驗收單，由交接雙方共同簽署。

④正式交付使用工廠生產，並以驗收合格簽證日，作為大修理正式完工日。

驗收的具體內容要求如下：

①大修理後的機械設備，應全面恢復原設計工作能力，技術性能及精度應達到原出廠標準，配齊安全裝置和必要的附件。

②對無法修復到出廠標準的老舊設備，原製造有嚴重缺陷的設備，經過兩次以上大修或嚴重損壞過的設備，在保證技術要求的前提下可適當降低其精度標準。

③長期用於單一工序的設備，與加工工序無關的精度項目，也可

適當降低精度標準。但是凡降低修理項目精度標準的設備，需經企業主管批准。

④動力設備大修理後應進行外部檢查，空運轉試驗，負荷運行試驗，耐溫、耐壓等必要的技術性能試驗，並要求必須達到出廠標準和符合原安裝的生產技術要求。特殊項目大修理後，應按其特殊的要求進行檢驗。

⑤設備大修完工驗收，必須嚴格按大修技術任務書中規定的各項技術標準和設備大修理通用技術要求進行。

⑥驗收後，預修計劃員要將有關的修理資料(包括設備送修移交單、大修理技術任務書、缺損件明細表、精度檢驗記錄、技術性能試驗記錄、固定資產大修理完工驗收單等)收集整理，交設備管理員存檔。

⑦設備在驗收投產三個月內，由於修理質量造成故障，由原承修人員負責返修。

⑧驗收中交接雙方意見不統一時，應由設備主管組織相關部門研究，並做出決定，或按合約規定，請企業外部的仲裁機構做出裁決。

心得欄 _____

_____

_____

_____

_____

_____

3 自製設備的驗收

　　自製設備設計、製造的重要環節是質量鑑定和驗收工作。鑑定驗收會由企業主管(或總工程師)主持,設備管理、質檢、設計、製造、使用、技術、財務等部門的人員參加。鑑定驗收會應根據圖樣中的技術規範以及設計任務書中所規定的質量標準和驗收標準,對自製設備進行全面的技術鑑定和評價。驗收合格後,由質檢部門發給合格證,准許使用部門進行安裝試用。經半年的生產使用,證明自製設備能穩定達到產品技術的要求,設計、製造部門可以將設備及全套技術資料(包括裝配圖、零件圖、基礎圖、傳動圖、電氣系統圖、潤滑系統圖、檢查標準、說明書、易損件及附件清單、設計數據和文件、質量檢驗證書、製造過程中的技術文件、圖樣修改等文件憑證、技術試驗資料以及製造費用結算成本等)移交給設備管理部門,並填寫自製設備移交生產鑑定驗收單進行歸口管理。財務部門和設備管理部門共同對設備製造中發生的費用與材料進行成本核算,並辦理固定資產建賬手續。對於因設計錯誤或製造質量低劣使設備不能按時投產者,要追究有關部門的責任,質量不穩定或不能正常使用的設備不能轉入固定資產。

設備的各種驗收

設備的安裝驗收及使用初期管理是設備前期管理的最後環節，也是檢驗前期管理成果的階段。

設備的驗收工作可以分以下幾個階段進行。

1.用戶技術專家到生產廠進行生產監督

這實際上包含產品驗收的成分，這是對於重要設備應該執行的一個環節。用戶代表在生產廠發現任何加工質量、原材料問題應及時指出，要求生產廠加以更正。

2.發貨前的裝箱檢驗

用戶代表在出產地現場發貨前的檢驗對於一些重要設備也是必要的。用戶代表在裝箱現場按照協議規定檢查裝箱項目，發現漏裝、錯裝、包裝問題應及時提醒供應商改正。

3.到達地(或口岸)的驗收

用戶代表赴到達場地(車站、碼頭)，主要檢查到貨數量和箱體外觀是否破損、水浸、腐蝕、發黴等，如發現此情況應及時電告發貨公司，並拍照或錄影，作為向運輸公司或保險公司索賠的依據。

4.進口設備的監造和到貨驗收

由於進口設備的特殊性，現單獨將進口設備的監造和驗收單獨詳細敍述一下。

5.入庫檢查驗收

入庫檢查驗收是指設備到達用戶所在地後，按照合約和裝箱單的開箱、檢驗、驗收及入庫操作。開箱檢查的內容是：包裝箱、內包裝

是否損壞；到貨設備型號、規格、附件是否與合約相符；按照部件、零件非組裝包裝者，是否與裝箱單相符；零件外觀是否有銹蝕、損壞現象；隨機技術文件、圖樣、軟體是否齊全。

　　國外進口設備開箱檢查時，應通知商檢部門派員參加，如發現質量問題或數量短缺問題，由商檢部門出證，提交貿易管道交涉索賠。按照一般慣例，合約規定在貨物到達口岸三個月之內，用戶可以憑商檢部門證明，對質量及短缺問題索賠。對必須安裝、試車後才能發現的問題，可以憑商檢部門證明在一年內索賠。因此，用戶對進口設備應及時開箱檢驗，及時安裝試車，避免超過規定索賠期限才發現問題。

6.安裝後空運轉試車驗收

　　設備安裝後進行空運轉試車，由設備管理部門會同技術部門和使用部門，檢查設備安裝精度的保持性，設備傳動、操縱、控制、潤滑、液壓、氣動等系統是否正常、靈敏、可靠，有關技術參數和運轉狀態參數(如雜訊、振動等)，並進行記錄，必要時簽署無負荷試車驗收報告。

7.安裝後負荷試車驗收

　　主要檢查設備在規定負荷範圍內的負荷作用下的工作能力，可結合企業實際生產的產品加工試驗進行。在負荷試驗中應著重檢查設備的振動、雜訊、機件(如軸承)的溫度、液壓氣動系統的洩漏、潤滑系統的洩漏，以及操縱、傳動、控制、自動功能、安全環保裝置是否正常、穩定、可靠。

8.安裝後精度檢查驗收

　　按照合約規定的精度要求和檢驗程序說明書逐項進行檢驗，做好記錄。

9.設備安裝工程的竣工驗收

　　由設備管理部門為主，協同技術、使用、檢驗、安裝部門等有關

人員參加，根據安裝工程分階段檢驗記錄、空運轉試車、負荷試車、精度檢驗記錄，參照有關安裝質量標準和協定要求，共同鑑定並確認合格後，由安裝部門填寫設備安裝竣工驗收單，經設備管理部門和使用部門共同簽章後即可竣工。鍋爐、壓力容器、易燃易爆設備、劇毒生產設備、載入工具、含放射性物質等設備安裝合格後，還應請指定的有關檢查監督部門檢查認證後，方可辦理最終驗收手續。

　　各個階段的驗收工作均應細緻、嚴肅，認真記錄，必要時可通過拍照、錄影取證。國外設備還應請商檢部門現場監察。屬於安裝調整問題，應先安排相關責任部門及時改正。凡屬於設備原設計、製造加工質量、包裝運輸問題，應及時向生產廠、供應商提出補救和索賠。經各個環節的檢驗，證明設備確實符合合約要求後，再由設備管理部門和生產使用部門正式簽字驗收。

心得欄

第 五 章

機器設備的安裝調試

1 機器設備的安裝

設備的安裝調試工作是保證設備按期或提前投產和設備運行質量的重要環節。設備運行的可靠性不僅取決於加工質量,還取決於安裝質量,即設備各個部件、零件的配合,主機與輔機的協調配合。這正如一支個人技術精良的足球隊,能否踢好球還要看整體的戰術配合一樣。設備安裝週期的保證取決於安裝工作的計劃和運籌。

1. 設備安裝的準備

設備安裝的準備主要由以下幾個環節構成:

⑴確定設備安裝佈置圖。

⑵設計設備基礎圖。

⑶清除安裝場地障礙。

⑷編制安裝技術流程和作業計劃。

⑸編制無負荷試車、負荷試車技術程序、檢驗方式和標準。

⑹改善設備環境。

⑺改善能源、氣源供應條件。

⑻培訓設備操作和維護、維修人員。

⑼編制安裝工程預算。

2.安裝與試車的施工管理。

設備安裝時的施工管理由以下環節構成：

⑴基礎施工

按照設備管理部門的基礎圖，由設備管理部門委託的運輸安裝部門對基礎劃線，由土建部門對基礎進行施工，再由質檢部門對基礎進行檢查，設備基礎達到質量要求後，再經質檢部門會同運輸安裝部門簽字驗收。

⑵質檢部門對基礎的檢查內容

混凝土基礎的強度、基礎彈性變形量、基礎尺寸是否與圖樣相符、地腳孔距離及標高等。基礎檢查應該在混凝土達到要求強度之後進行。發現問題應責成基建部門返工或及時補救，質量合格才能驗收，否則會影響設備安裝後的運行質量。

⑶設備安裝

首先對開箱後的零件進行檢查、清洗，測量基礎中心、水準和標高，安裝設備基礎底板；然後再對設備基礎部件，如機床床身、設備機架、機座、立柱等安裝定位；再對安裝定位的主體進行找平、預調；在調整合格並保證底板清潔的情況下，澆灌地腳孔混凝土，建議採用快乾膨脹水泥拌和混凝土澆灌地腳孔，以免變形。待地腳孔水泥固定後再按照安裝技術進行設備安裝。

⑷試車

一般設備的試車可分為無負荷試車與負荷試車，複雜成套流程設備可分為單體無負荷試車、無負荷聯動試車、負荷聯動試車等。試車

時應做好檢查和記錄，發現質量問題，及時分析原因。首先應該注意安裝不當造成的原因，如果是安裝質量造成的原因，要及時調整甚至返工。分析結果確實認為是設備本身設計、製造問題，要及時反饋給生產廠，請其派人到安裝現場處理並提出補救措施，提出索賠；國外進口設備的質量問題還要請商檢部門派人檢查出證，作為索賠依據。

(5) 安裝驗收

設備驗收在調試合格後進行，一般由設備管理部門、設備安裝部門、技術部門和設備使用單位共同參與。達到一定規模的設備工程（如200 萬元以上）應由監理部門組織。設備驗收分試車驗收和竣工驗收兩個階段。

(6) 設備安裝費用管理

安裝費用管理是貫穿於設備安裝始終的活動。首先，應做好實事求是的費用預算。在安裝過程中可採用集中費用管理，也可將費用計劃分攤到基建、設備管理、動力等各個職能部門分散管理。對於大型安裝項目，要做好月、季安裝進度表，對每一安裝項目編號，然後將安裝工程發生的費用記入此編號。無論是集中管理還是分散管理，費用發生情況均由財務部門在該設備安裝編號下匯總，以便核算設備安裝成本。設備管理部門應委託專人對設備安裝費用的使用情況、安裝進度及質量進行監督。

2 設備安裝的程序

設備安裝的程序一般為：驗收基礎質量、安裝調整設備、二次緊固以及試運轉等。

1. 基礎質量的驗收

設備的基礎對設備安裝質量、設備精度的穩定性以及加工產品質量等均有很大影響。因此，必須重視設備基礎的設計和施工質量，尤其是大型和精密機床的基礎，要嚴格按《動力機器基礎設計規範》的要求和隨機技術文件要求進行設計和施工。附近有震源的，應做防震基礎。

基礎設計應根據動力機器的特性，合理選擇有關動力參數和基礎形式，做到技術先進、合理，確保正常生產。

設備基礎設計並澆灌施工凝固後，設備主管應進行質量檢查與驗收。主要是檢查基礎的尺寸位置偏差是否符合機械安裝的要求。基礎驗收的項目與允許偏差列於表 5-2。

表 5-1　設備移交生產鑑定驗收單

設備名稱		型號		規格		
製造單位	製造年份	體積	長	寬	高	
精度及 技術性能		重量		公斤		
		資產值		千元		

附屬設備及附件工具	名稱	型號	規格	數量	名稱	型號	規格	數量

經過個＿＿月試生產的實踐驗證，設計、製造合理可靠。技術性能達到和符合設計、技術要求，生產穩定適用。

技術資料	
技術鑑定記錄	機體完好情況	
	操縱、傳動系統	
	潤滑、冷卻（液壓系統）	
	防護、安全裝置	

鑑定驗收結論	

主管		接收部門		移交部門		設備科		財務科	

表 5-2　機器設備基礎驗收允許偏差

項目	內容	允許偏差/mm		
混凝土基礎	主要輪廓尺寸(長、寬等) 凹穴與凸出部尺寸 表面標高	±20 ±10 ±20		
基礎螺釘		<M50	M50—M100	>M100
	高度 中心線 垂直度(單位為 mm/m)	±5 ±3 1	±8 ±5 1	+10 ±5 1
中心標板 及基準點	中心標點精確度 基準點標高	±0.5 ±1.5		

　　安裝重型機械設備時,為了防止安裝後基礎下沉或傾斜而破壞機械的正常運轉,在安裝前應對基礎進行預壓。基礎養生期滿後,在基礎上壓重物(鋼板或鑄件等),其重量為兩倍於設備自重再加最大機件重。用水平儀每天觀測,直到測出基礎不再下沉。

　　機械設備正式安裝前要認真清理基礎表面,除去表面灰土、浮漿和油污。在基礎上部的表面,除放置墊板的位置外,需要二次灌漿的地方都應鏨麻面以保證基礎與二次灌漿層能結合牢固。鏨麻面要求每100cm2 面積有 2～3 個小坑,小坑深 10～20mm。

2.安裝調整設備

　　設備安裝前,要進行清洗。應將防銹層、汙物、水漬、鐵屑、鐵銹等清洗乾淨,並塗以潤滑油脂。清洗機件的精加工面應使用棉紗、棉布和軟質刮具。但清洗潤滑、液壓系統須用乾淨的棉布,不得使用棉紗,以防紗頭落人堵塞油路。並安裝基礎螺釘及地墊鐵。

　　基礎螺釘又稱地腳螺釘,作用是固定所安裝的機械設備。常用的形式有全埋式、半埋式和預留孔式三種,見圖 20—1。全埋式是把地

腳螺釘和金屬固定架先連在一起（焊接或結軋），再把它們都澆灌在基礎混凝土之中，但因固定架留在基礎中，消耗了大量的鋼材。如在施工中或澆搗基礎時地腳螺釘被搗偏，事後則不易校正。半埋式是在基礎上部留有一定深度的調整孔，可以彌補地腳螺釘澆偏不易校正的缺點。預留孔式是在澆灌基礎時把地腳螺釘孔位置全部留出（放置木殼板即可），待機械安裝找正後，再用水泥砂漿補灌螺釘孔。預留孔式雖施工簡單方便，但牢度較差，不宜用於礦山、冶金等重型機械的安裝。

　　墊板放置在機械底座與基礎表面之間的作用是：利用調整墊板的高度，可調節機械設備的標高和水準；通過墊板把機械重量和工作載荷均勻地傳給基礎；使機械底面與基礎之間保持一定距離，以使二次灌漿能充滿機械底部空間。在特殊情況下可通過墊板校正底座的變形，墊板分平墊板和斜墊板兩種。斜墊板的斜度為 1：15 到 1：50。墊板材料為普通鋼板或鑄鋼板。地腳螺釘直徑小於 M78 時，選用長×寬為 100mm×75mm 墊板，大於 M78 時用 150mm×100mm 墊板。墊板厚度有 0.5、1.0、2.0、3.0mm，直到 15mm 或更厚。重型和巨型設備安裝，可採用更大面積的墊板。

　　每堆墊板的組合可以是：厚度不同的平墊板組合；一對斜墊板加平墊板組合。為了方便調整，墊板長邊應垂直於機座底邊並外露 25－30mm。每堆墊板塊數應盡可能少，厚的在下層，以保證剛度和可靠性。墊板高度應在 50～120mm，以便於二次灌漿。墊板應磨去飛邊毛刺，以保證平整與良好接觸，避免機械投產後墊板鬆動。二次灌漿前必須把每堆墊板組合焊在一起。

　　為保證墊板與基礎表面接觸良好，傳統上採用研磨法配置墊板。方法是先用磨石（或砂輪片）研磨基礎表面，再用墊板與研磨表面磨合並使接觸面積達 70%以上。基礎研磨面水準性要求為 0.1～

0.5mm/m(安裝軋機為 0.1mm/m)。

配置好墊板,即可吊裝經拆洗裝配好的機械設備。吊裝指從工地沿水平和垂直方向運到基礎上就位的整個過程。吊裝從兩個方面著手:一是起重機選擇應因地制宜,近年來由於汽車吊的起重能力、起重高度都有所提高,加上汽車吊機動性很好,故它是一種很有前途的起重機具;二是零件的捆綁、索具的選用要安全可靠。當採用多繩捆綁時,每個繩索受力應均勻,防止負荷集中。吊裝設備落位後,對其安裝位置——中心線、標高、水準性應進行檢測和調整。因中心、標高、水準三者在調整過程中會相互影響,故應反覆檢測和調整。

3.二次緊固

在擰緊基礎螺釘並覆查中心、標高、水準符合技術要求後,將墊板組點焊起來即可二次灌漿。擰緊直徑較大的基礎螺釘,常用遊錘撞擊法或加熱法擰緊螺母。二次灌漿過程中不應碰動墊板和機器。

4.試運轉

機械設備安裝工作的最後一個工序,是設備的試運轉。對修理後的設備也必須進行試運轉。試運轉的目的是綜合檢驗設備的運轉質量,發現和消除機器設備由於設計、製造、裝配和安裝等原因造成的缺陷,並進行初步磨合,使機器設備達到設計的技術性能。

3 設備的安裝方法及位置調整

1. 安裝方法

設備的安裝，是設備主管的重要工作內容。設備安裝週期的長短，質量的好壞，不僅直接影響質量的使用、維護，更為重要的是影響產品的質量。

(1)三點安裝法

傳統的有墊板安裝法，因大量堆數的墊板需用不同厚度的鋼板進行組合，墊板與基礎接觸面又需研磨，使安裝工程費時又費料。更麻煩的是，機械底座較大、墊板堆數較多時，找正、找平、找標高(三找)，需要花費更多的工時。

為了節省工時，可利用三點決定平面的原理來安裝機械設備。在機械底座下適當位置先放置三對斜墊板或三個斜鐵器，可使「三找」很快達到要求。此時，在需要放置墊板的其他位置打入相應高度的平墊板組，收緊基礎螺釘，再覆查正、平、高，確認無誤後，即可二次灌漿。

利用三點決定平面原理進行找正、找平、找標高的三點安裝法，可節省大量工時，縮短工期，應視具體情況推廣應用。但必須注意在「三找」過程中不使機械設備底座產生變形。

(2)座漿法安裝

座漿法安裝機械設備，就是直接用高強度微膨脹座漿混凝土埋置墊板。具體方法是：在混凝土基礎安放墊板位置下面鑿一個鍋底形的坑，用拌好的微膨脹水泥砂漿打成一個饅頭形的堆，在其上安放平墊

板並用手錘敲打使墊板達到設計標高和規定的水準度。養生 1～3 天後即可安裝機械設備。在座漿墊板上面加墊板來調整機械的標高和水準的方法，由於廢除了在基礎表面的大量研磨工作，所以它是一種工效很高的安裝新技術。

2.設備安裝位置的調整

機械設備安裝位置的檢測與調整是安裝過程的主要工作。目的是調整機械設備的中心、水平和標高的實際偏差達到允許偏差之內。這個反覆檢測調整過程稱為找正、找平、找標高(三找)。「三找」又稱為「安裝三要素」。

(1)找正

機械設備安裝時的校正，就是使機械設備的中心線對正安裝中心線的過程。常用掛線法找正，根據機械基礎兩端表面埋設的中心標板上的中心標點拉設安裝中心線。安裝中心線為直徑 0.5～0.8mm 的細鋼絲。從拉設的安裝中心線的適當位置成對地懸掛線錘下來，並對正設備中心線。如掛線(即安裝中心線的垂線)不對正設備中心線，只許撥動設備使設備中心線與掛線相重合，實際偏差在允許偏差之內即達到找正的目的。

機械設備上的中心線應選取其精加工面。例如主軸及其頂針孔、軸互孔、軸承孔、軋機機架窗口等。在安裝精度要求不高時，可利用對稱分佈的螺釘孔定出設備中心線。機械設備的找正，還常利用聯軸器的裝配來達到。

撥動設備的方法可採用撬棍、大錘和楔鐵，也可用千斤頂。

(2)找平

把機械設備調整到要求的水平度(或垂直度)的過程稱為找平。找平是機械設備安裝和檢修中重要且要求嚴格的工作。無論什麼機械設備都必須找平。其目的是：保持設備的穩固和重心的平衡，避免設備

變形，減少運轉中的振動，避免由於設備不水平而產生附加載荷，保證設備的正常潤滑，避免過度磨損和不必要的功率消耗，保證設備的工作質量和精度等。

找平主要使用水平儀測量被檢查平面的水平性偏差。水平儀有鉗工水平儀和方框水平儀兩種。方框水平儀不僅可用以檢驗水平度，也可用來檢驗垂直度。

水平性測定面應選取精加工面，例如軸的圓柱表面、滑道面、導軌面、導板面、箱體剖分面、軸承座剖分面、軸承孔等。為保證設備的水平性，必須在相互垂直的兩個方向上至少分別測定一次。對於較大平面的找平，為防止平面本身加工誤差及變形的影響，可將水平儀放在平尺上（平尺擱在大平面上）檢驗。斜面找平時，可借助相同斜度的樣板來進行。

③找標高

把機器設備的高度位置調整到設計高度的過程稱為找標高。檢驗設備高度位置的原始依據是基準點。通常是用直接測量基準點到設備標高測定面的距離的方法來檢驗設備的標高。

設備的標高測定面應是設備的某一精加工表面或機座的精加工表面，為了正確測定機座的標高，要選定機座本身的軸承剖分面（即主軸軸心線平面）作為標高測定面。用平尺 1 把高度位置尺寸 A 引到基準點 3 的上方，以千分杆 4 測量。平尺要正確引出尺寸九必須保持水準，故在其上方放置方框水平儀進行檢驗。在平尺中部設支點 6 防止平尺撓曲，並保持平穩。測出的尺寸應比規定的大 1～2mm，以補償擰緊基礎螺釘時墊板等的變形量。

測定設備的標高，應選取該設備鄰近的基準點為測量依據，且所用的基準點愈少愈好，以避免因基準點之間的相對偏差造成偏差積累而影響安裝精度。因此，相聯繫的設備，可根據附近已安裝好的設備

來測定其標高，以減少彼此間的相對偏差。例如要裝輥道時，就可以利用已裝好的前一個輥子來規定後一個輥子的標高。標高的調整是利用改變墊板的高度來實現的。

4 設備的運轉測試

　　機器設備的試運轉，對於其順利投產和以後的運轉質量有決定性的作用。設備運轉一般有兩種方式，一種是空載運轉，另一種是負載運轉。

1. 空載運轉

　　空載運轉是為了檢查機械設備各個部份相互連接的正確性和進行初步磨合。通常是先作調整試運轉再進行連續空載試運轉。

　　調整試運轉的目的在於揭露和消除設備存在的某些隱蔽缺陷。開車前必須嚴格清除現場一切遺漏的工具和雜物；檢查一下零散的，可以以後安裝的零件、附件、儀錶等是否齊全可靠；檢查螺釘等緊固件有無鬆動；對減速機、主軸箱、滑動面以及其他所有應該滑潤的潤滑點，都要按說明書的規定，按質按量地加上潤滑油或潤滑脂；檢查機械設備的供油、供水、供電、供汽系統和安全裝置等工作是否正常。只有確認設備完好無疑時，才允許進行試運轉。經撥動設備能自由轉動後才允許開車。起動設備後，首先以短時和低速運轉，逐漸增加開動時間和提高轉速，一經發現故障要立即停車消除。對於重要設備，最好採用各單獨部件的順序調整試運轉，即先進行電動機的試運轉，再帶動傳動裝置，然後再帶動工作部份進行整個單機試運轉。

經調整試運轉正常後，開始連續空載試運轉。連續空載試運轉在於進一步試驗各連接部份的工作性能和初步磨合有相對運動的配合表面。連續空載試運轉的連續試驗時間，根據設備的工作制度確定，週期停車和短時工作的設備可短些，長期連續工作的設備可長些。最少不少於 2～3h。對於精密配合的重要設備有的需要空載連續試運轉10h。若在連續試運轉中發生故障，經中間停車處理，仍須重新連續運轉達到最低規定時間的要求。

空載連續試運轉時間應盡可能長一些，這樣有利於設備良好地進行磨合。檢驗磨合是否正常的主要依據是摩擦組合的發熱情況。摩擦組合在連續運轉初期摩擦溫度比較高，經一段時間磨合後才逐步降低，這是磨合過程中的正常現象。對於長期連續工作的設備來說，摩擦溫度降低轉入穩定狀態所需的時間，也就是連續空載試運轉必須的時間。一般穩定工作溫度不允許超過 50℃。

空載試運轉期間，必須檢查摩擦組合的潤滑和發熱情況，運轉是否平穩，有無異常的噪音和振動，各連接部份密封或緊固性等。若有失常現象，應立即停車檢查並加以排除。

2.負載試運轉

負載試運轉是為了確定設備的承載能力和工作性能指標，應在連續空載試運轉合格後進行。

負載試運轉應以額定速度從小載荷開始，經證實運轉正常後，再逐步加大載荷最後達到額定載荷。有的機械設備要在超載 10%，甚至超載 25%的條件下試運轉。當在額定載荷下試運轉時，應檢查設備能否達到正常工作的主要性能指標，如動力消耗、機械效率、工作速度、生產率等。

負載試運轉中維護檢查的內容和要求，與空載試運轉相同，發現故障必須立即消除。負載試運轉過程中可能產生的故障有以下幾個方

面：

　　①密封性不良。如動力、潤滑、冷卻系統有漏油、漏氣、漏水等現象。

　　②摩擦表面工作性能不良。如出現雜訊、振動、過熱、鬆動、卡緊、動作不均勻等。

　　③工作中斷。如摩擦表面或運動機構被卡住、機件破壞、電動機不能工作、各種指示和控制儀錶沒有讀數等。

　　④設備性能不良。如承載能力不足、運轉速度過低、動力消耗太大等。

　　對設備試運轉的技術情況進行記錄，確定全部合格後才能投入生產。負載試運轉一般至少要進行 72h 左右。設備投產初期仍需加強維護保養工作，以保證它的正常運行。

心得欄 _____

_____

_____

_____

_____

_____

5 設備的移交使用

　　設備安裝驗收工作一般由購置設備的部門或設備主管負責，設備、基礎施工安裝、質檢、使用、財務部門等有關人員參加，根據所安裝設備的類別，按照《機械設備安裝工程施工及驗收通用規範》和各類設備安裝施工及驗收規範(如《金屬切削機床安裝工程施工及驗收規範》、《鍛壓設備安裝施工及驗收規範》等)的有關規定，進行驗收。

　　工程驗收時，應具備下列資料：竣工圖或按實際完成情況註明修改部份的施工圖；設計修改的有關文件和簽證；主要材料和用於重要部位材料的出廠合格證和檢驗記錄或試驗資料；隱蔽工程和管線施工記錄；重要澆灌所用混凝土的配合比和強度試驗記錄；重要焊接工作的焊接試驗和檢驗記錄；設備開箱檢查及交接記錄；安裝水準、預調精度和幾何精度檢驗記錄；試運轉記錄。

　　驗收人員要對整個設備安裝工程作出鑑定，合格後在各記錄單上進行會簽，並填寫設備安裝驗收移交單，辦理移交生產手續及設備轉入固定資產手續。

表 5-3　設備安裝工程驗收移交單

設備名稱		型號		資產編號	
主要規格		出廠年月		製造號	
使用工廠		製造廠		安裝試車日期	
設備價格			資料名稱	張/份	備註
出廠價值		元	說明書		
運雜費		元	圖樣資料		
安裝費用	基礎費	元	出廠精度檢驗單		
	動力配線	元	電氣資料		
	安裝費用	元	附件及工具清單		
	其他	元			
管理費		元			
合計		元			
檢查情況					
受檢內容			檢查結果		記錄單編號
設備開箱檢查驗收					
安裝質量及精度檢驗					
設備試運轉					
產品、試件檢查情況					

安裝單位	使用部門	質量部門	設備管理部門	財務部門	移交日期

第 六 章

機器設備的使用

1 機器設備的管理方式

為了保證設備的合理使用，設備主管必須根據設備的有機構成及特點，建立一套科學管理制度。

1. 設備「三定戶口化」制度

(1)設備「三定戶口化」制度的作用

設備「三定戶口化」制度，就是「設備定號、管理定戶、保管定人」的制度。實行這種制度至少有三個作用。

①操作人員參加管理設備，可以激發愛護設備的責任感。

②操作人員通過參加設備管理，有利於熟悉設備的工作原理、性能、構造，更好地使用設備，進一步落實「三好」「四會」。

③有利於改善操作人員同專職檢修工之間的相互關係，共同把設備管好、用好、修好，做到保管有專人，調撥有手續，有賬有物，賬物相符。

(2)設備「三定戶口化」制度的內容

①設備定號。就是按照固定資產目錄,為每台設備依順序統一編號,使台台設備都有自己的固定號碼。號碼好比人的姓名,將標有號碼的標牌固定在設備上,就可以見牌知「姓名」。設備有了「姓名」,就便於查找核對,避免亂賬、錯賬,防止差錯。

②保管定人。就是根據誰用、誰管、誰負責維護保養的原則,把設備的保管責任落實到使用人,使台台設備有專人保管,丟失損壞有專人負責,把設備管理納入崗位責任制。

③管理定戶。就是以小組(或班)為單位,把全組的設備編為一個「戶」,班(組)長就是「戶主」,要求「戶主」對小組全部設備的保管、使用和維護保養負全面的責任。

2.點檢制

設備的點檢是為了維持設備所規定的機能,按標準對規定的設備檢查點(部位)進行直觀檢查和工具儀錶檢查的制度。實行設備點檢制,能使設備的故障和劣化現象早期發覺、早期預防、早期修理,避免因突發故障而影響產量、質量,增加維修費用、運轉費用以及降低設備壽命。

設備點檢分日常點檢、定期點檢和專題點檢三種。日常點檢由操作人員負責,作為日常維護保養裏一個重要內容,結合日常維護保養進行。定期點檢,可以根據不同的設備,確定不同的點檢週期,一般分為一週、半個月或一個月等。專題點檢,主要是作精度檢查。

設備點檢必須首先由設備工程技術人員、管理人員、操作人員、維修人員一道,根據每一台設備的不同情況和要求制定點檢標準書,再根據點檢標準書制定點檢卡片。設備的操作人員和維修人員要根據點檢卡的要求進行點檢。

設備點檢卡的制定,必須簡單、明瞭,判斷的標準要明確,記錄

要簡單(用符號表示)，使操作工人和維修工人能夠很快掌握。一般是針對設備上影響產量、質量、成本、安全、環境以及不能正常運行的部位，作為點檢的項目。

設備點檢中發現的問題不同，解決途徑也不同。

①一般經簡單調整、修理可以解決的，由操作人員自己解決。

②在點檢中發現的難度較大的故障隱患，由專業維修人員及時排除。

③對維修工作量較大，暫不影響使用的設備故障隱患，經工廠機械員(設備員)鑑定，由工廠維修組安排一保或二保計劃，予以排除或上報設備動力部門協助解決。

設備管理部門要通過對設備各種點檢和維修記錄的分析，不斷改進點檢標準，完善點檢卡片。並且應將能否正確、認真執行對設備的點檢，作為對操作、維修人員的考核內容之一。設備點檢要明確規定職責，凡是設備有異狀，操作人員或維修人員定期點檢、專題點檢沒有檢查出的，由操作人員或維修人員負責。已點檢出的，應由維修人員維修，而沒有及時維修的，該由維修人員負責。

有人把設備點檢叫做預防性維修制度的精髓，這並不過分，它確實是設備使用管理中的一個重要環節，應該作為一種制度規定下來，推廣執行。國內外有關企業曾作過統計，通過實行設備點檢制，有 80% 的設備故障能得到早期檢察、早期維修，取得了顯著的效果。

3.安全生產制

設備安全生產制的重點是嚴格執行各種設備的操作維護規程，做到安全生產。設備的操作維護規程，有的是屬於技術方面的，有的是屬於安全方面的，所以又可分為技術操作規程和安全操作規程兩種。但在一般情況下，只合併編制一種操作規程，統稱為技術安全操作維護規程，簡稱操作維護規程。這項規程，應該由企業的設備動力部門

和安全部門會同編制，必要時吸收技術部門、人事部門等單位參加。

(1)設備操作維護規程的編制

設備的操作維護規程可以按不同的角度進行編制。

①按操作的不同階段編制，有開車前操作維護規程、運轉時操作維護規程、停車時操作維護規程，等等。

②按設備種類的不同編制，有刨床操作維護規程、鑽床操作維護規程、電焊機操作維護規程，等等。

③按工種的不同編制，有車工操作維護規程、刨工操作維護規程，等等。

此外，也可按一般技術操作維護規程、重點安全注意事項或緊急事故處理等項目進行編制。

單獨編寫設備的技術操作維護規程時，一般按照不同的設備或型號，結合操作階段的不同分別進行。如車床操作維護規程，可分為保養、開車前檢查及準備、開車切削三個階段。制氧站的分餾塔操作維護規程，可分為吹除、開車、運轉、暫時停車、暫時停車後再開車、解凍前停車、解凍七個階段。

(2)設備操作維護規程的內容

設備的技術操作維護規程，一般應包括如下的內容：

①設備的主要操作規程和使用範圍。

②設備的操作機械圖或作業系統圖。

③設備的潤滑注油規定。

④設備的維護事項。

⑤使用設備時嚴禁事項及事故緊急處理步驟。

4.三級保養制

三級保養（日常維護保養、一級保養、二級保養）制，突出了維護保養在設備管理中的地位，使對操作人員「三好」、「四會」的要求更

加具體化。通過三級保養，把修和用結合起來，提高了操作人員維護設備的知識和技能。實踐證明，凡是嚴格執行三級保養制的單位，其設備完好率都很高，生產秩序正常，企業的經營效果好。因而三級保養制，加上大修理，是設備管理的主線。

(1)日常維護保養

日常維護保養（日保），由操作人員進行。普通設備，利用每天下班前 15 分鐘（週末可適當多一點時間）進行；精、大、稀設備，要求用更多一點時間進行。日常維護保養一般包括如下各點：

①日常點檢的全部內容。

②擦拭設備的各個部位，使得設備內外清潔，無銹蝕、無油污、無灰塵和切屑。

③清掃設備週圍的工作地，做到清潔、整齊，地面無油污、無垃圾等雜物。

④設備的各注油孔位，經常保持正常潤滑，做到潤滑裝置齊全、完整、可靠，油路暢通，油標醒目。

⑤設備的零件、附件完整，安全防護裝置齊全，工、量、夾具及工件存放整齊，不零亂等。

(2)一級保養

一級保養（一保）以操作人員為主，維修人員輔導進行。要按計劃對設備進行局部和重點部位的拆卸與檢查，徹底清洗設備外表和內臟，清洗或更換油氈、油線、濾油器，疏通油路，調整各零件的配合間隙，緊固各部位。一級保養完成後應做記錄，並註明尚未消除的缺陷，工廠設備員要進行驗收。最初開展一級保養時，要由維修工指導，對操作人員進行訓練。要培養骨幹，進行現場表演，逐漸操作人員能夠獨立完成一級保養作業。

(3)二級保養

二級保養(二保)以維修工人為主,操作工人參加進行。要對設備進行部份解體檢查和修理,更換或修復磨損件,清洗、換油、檢查、修理電器部份,使設備局部恢復精度,滿足加工技術的最低要求。二級保養後要做記錄,由工廠設備員進行完工驗收。

2 機器設備的使用流程

設備使用的程序如下:

1.進行崗前安全教育

新操作工人在獨立使用設備前,必須經過對設備結構性能、安全操作、維護要求等方面的技術知識教育和實際操作與基本功的培訓。

應有計劃地、經常地對操作工人進行技術教育,以提高其對設備使用維護的能力。設備主管應建議企業採用三級教育體系進行技術安全教育:企業教育由人事部門負責,設備和技術安全部門配合;工廠教育由工廠主任負責,工廠機械員配合;工段(小組)教育由工段長(小組長)負責,班組設備員配合。

經過相應技術訓練的操作工人,要進行技術知識和使用維護知識的考試,合格者獲操作證後方可獨立使用設備。

2.實行定人定機管理

①憑操作證使用設備,遵守安全操作規程。

②經常保持設備整潔,並按規定加油。

③遵守交接班制度。

④管好工具附件，不得遺失。

⑤發現故障立即停車檢查，自己不能處理的及時通知檢修部門。

⑥設備維護保養制，要求操作工人按規定的保養週期和作業範圍進行設備的保養。

⑦巡迴檢查制，規定每隔一定時間對設備的重要部位進行檢查，發現問題，及時處理。

⑧交接班制度，在操作工人交接班時，對設備的各個部件、附件、工具，進行比較全面的檢查和交接。

3.憑證操作

設備操作證是准許操作工人獨立使用設備的證明文件，是生產設備的操作工人通過技術基礎理論和實際操作技能培訓，經考慮合格後所取得的。憑證操作是保證正確使用設備的基本要求。

4.培訓操作工人

企業設備管理的特點之一就是實行「專群結合」的設備使用維護管理制度。該制度首先要求抓好設備操作的基本功培訓，包括「三好」、「四會」和操作的「五項紀律」等。

「三好」即：

・管好設備。操作者應負責管好自己使用的設備，未經主管同意不准他人操作使用。

・用好設備。嚴格貫徹操作維護規程和技術規程，不超負荷使用設備。

・修好設備。設備操作工人要配合維修工人修理設備，及時排除設備故障，按計劃交修設備。

「四會」即：

・會使用。操作者應先學習設備操作維護規程，熟悉設備性能、結構、傳動原理，弄懂加工技術和工裝刀具，正確使用設備。

· 會維護。學習和執行設備維護、潤滑規定，上班加油，下班清掃，經常保持設備內外清潔、完好。

· 會檢查。瞭解自己所用設備的結構、性能及易損零件部位，熟悉日常點檢、完好檢查的項目、標準和方法，並能按規定要求進行日常點檢。

· 會排除故障。熟悉所用設備特點，懂得拆裝注意事項及鑑別設備正常與異常現象，會做一般的調整和簡單故障的排除，自己不能解決的問題要及時報告，並協同維修人員進行排除。

「五項紀律」即：

· 實行定人定機，憑操作證使用設備，遵守安全操作規程。

· 經常保持設備整潔，按規定加油，保證合理潤滑。

· 遵守交接班制度。

· 管好工具、附件，不得遺失。

· 發現異常立即停機檢查，自己不能處理的問題應及時通知有關人員檢查處理。

3 機器設備的交接班制度

交接班制度是指生產工廠的操作工人在操作設備時交接班應遵守的制度。主要生產設備為多班制生產時，必須執行交接班制。其主要內容如下：

1. 交班人在下班前除完成日常維護外，必須將本班設備運轉情況、運行中發現的問題、故障維修情況等，詳細記錄在交接班記錄簿上，並應主動向接班人介紹本班生產和設備情況，雙方當面檢查，交接完畢後在記錄簿上簽字。如屬連續生產或加工不允許中途停機者，可在運行中完成交接班手續。

2. 接班工人不能及時接班時，交班人可在做好日常維護工作的同時，將操縱手柄置於安全位置，並將運行情況及發現的問題詳細地進行記錄，交生產班長簽字代接。

3. 接班工人如發現設備有異常情況，記錄不清、情況不明和設備未清掃時，可以拒絕接班。如因交接不清，設備在接班後發現問題，由接班人負責。

4. 對於一班制生產的主要設備，雖不進行交接班，但也應在設備發生異常情況時，填寫運行記錄和記載故障情況，特別是對重點設備必須記載運行情況，以便掌握設備的技術狀態資訊，為檢修提供依據。

在多班制操作設備的情況下，不論操作人員、工（組）長、值班維護工或維修組長，都應該在交接班時辦理交接手續。這種手續，一般以操作人員口頭彙報，工（組）長記錄，或由操作人員記錄，工（組）長檢查的方式進行。所有記錄都要登記在「交接班記錄簿」上，以便

相互檢查，明確責任。

　　交班人員應將設備使用情況，特別是隱蔽缺陷和設備故障的排除經過及現狀，詳細告訴接班人員，或在記錄簿內詳細記載。接班人員要對彙報和記錄核實，並及時會同交班人員採取措施，排除故障後，才可接班繼續進行工作。但接班人員如果繼續加工原工作班已開始生產的工序或零件，也可不停車交接。

　　工廠的設備管理人員、設備主管及其工作人員，應定期檢查設備交接班制的執行情況。

　　在交接班時，一般應達到下列四項標準，達不到標準，可以不接班：

　　①風、氣、水、油不漏。
　　②油孔暢通，油質良好。
　　③設備清潔，螺絲不鬆。
　　④工具、附件等清潔完整。

心得欄 _____

_____

_____

_____

_____

_____

機器設備的轉移交使用

　　設備安裝驗收工作一般由購置設備的部門或設備主管負責，設備、基礎施工安裝、質檢、使用、財務部門等有關人員參加，根據所安裝設備的類別，按照《機械設備安裝工程施工及驗收通用規範》和各類設備安裝施工及驗收規範的有關規定，進行驗收。

　　工程驗收時，應具備下列資料：竣工圖或按實際完成情況註明修改部份的施工圖；設計修改的有關文件和簽證；主要材料和用於重要部位材料的出廠合格證和檢驗記錄或試驗資料；隱蔽工程和管線施工記錄；重要澆灌所用混凝土的配合比和強度試驗記錄；重要焊接工作的焊接試驗和檢驗記錄；設備開箱檢查及交接記錄；安裝水準、預調精度和幾何精度檢驗記錄；試運轉記錄。

　　驗收人員要對整個設備安裝工程作出鑑定，合格後在各記錄單上進行會簽，並填寫設備安裝驗收移交單，辦理移交生產手續及設備轉入固定資產手續。

第 七 章

機器設備的維修保養（一）
機器的潤滑

1 潤滑的原理

　　從廣義上講，潤滑就是在兩機件相對運動的摩擦表面之間，加入某種潤滑介質（如潤滑油、潤滑脂、固體潤滑劑等），從而在某種程度上把原來直接接觸的乾摩擦表面分隔開來，在相互摩擦的表面中間形成具有一定厚度的潤滑膜，以減少機器的摩擦與磨損。

　　根據兩機件相對運動的摩擦表面之間的潤滑情況，潤滑狀態可分為無潤滑、液體潤滑、邊界潤滑、半液體潤滑與半乾潤滑等。一般而言，潤滑的作用有：減少摩擦，減少磨損，沖洗，冷卻，阻尼振動，防銹，密封（如潤滑脂）等。潤滑的這些作用是彼此依存、互相影響的。如果不能有效地減少摩擦與磨損，就會產生大量的摩擦熱，造成摩擦表面及潤滑介質的破壞。

在摩擦副相互摩擦的表面之間加入某種物質，用來改善摩擦副的摩擦狀態，降低摩擦阻力，減緩磨損，以延長摩擦副使用壽命的措施叫潤滑。這種能夠具有減少摩擦表面間的摩擦阻力的物質，不管是液態、氣態、半固體或固體物質，均稱為潤滑劑。

機械設備中有許多做相對運動的摩擦副，最容易磨損、損壞而導致設備不能正常工作。有數據表明，世界能源 50%消耗於磨擦發熱，80%零件毀於磨損。而潤滑則可以控制摩擦、降低磨損。因此，潤滑對機械設備的正常運轉、延長其工作壽命起著十分重要的作用。

1. 控制磨損

由於潤滑劑的加入，摩擦副接觸表面的粘著磨損、表面疲勞磨損、磨料磨損與腐蝕磨損都會大大減少，從而保持摩擦副的配合精度，保證其正常工作。

2. 減少摩擦係數

在摩擦副的接觸介面加入潤滑劑，形成一個潤滑薄膜的減摩層，從而降低摩擦係數，減少摩擦阻力，節約能源消耗。例如一對金屬摩擦副，其乾摩擦係數達 0.4～1，而在良好的液體摩擦條件下可以降到 0.001 以下。

3. 降溫冷卻

一方面由於減少摩擦係數而減少了摩擦熱的產生；另一方面潤滑劑本身可以吸熱，並通過循環進行傳熱、散熱，從而對摩擦副降溫冷卻，使其控制在要求的溫度範圍內工作。

4. 防止腐蝕

一般摩擦副都是在空氣、蒸汽、潮濕環境甚至有腐蝕性的氣體、液體等介質中工作，潤滑劑覆蓋表面，可以隔絕這些腐蝕介質，從而避免其對摩擦副的腐蝕、銹蝕。

5.清潔沖洗作用

摩擦副磨損的微粒與外來的介質微粒，都會進一步加速摩擦表面的磨損，但通過潤滑劑的循環、特別是壓力循環潤滑系統，可以帶走這些有害微粒，再經過過濾裝置將其排掉，從而具有清潔沖洗的作用。

6.減振降噪音

潤滑劑吸附在摩擦表面上，雖然厚度很小，但在摩擦副受到衝擊載荷時卻具有吸收衝擊的能力，從而具有減振降噪音的作用。

7.密封阻塵作用

在摩擦副中的潤滑劑膜，既可防止內部工作介質向外洩漏，也可阻止外部有害介質向內部侵入，從而具有密封阻塵作用。如水泵軸頭與閥門閥杆，由於採用了塗有潤滑脂的油浸盤根，除了具有潤滑作用之外，更有良好的密封作用；又如氣缸和活塞間的潤滑劑，亦同樣具有潤滑和密封的作用。

2 設備的磨損

磨損是伴隨摩擦產生的必然結果，是摩擦副接觸表面的材料在相對運動中由於機械作用，伴有化學作用而引起的材料脫落、損耗現象。即摩擦副的磨損現象是與摩擦同時發生的，故一般認為有摩擦就會有磨損。有些資料則從工程的角度出發，說磨損是固體與其他物體或介質相互發生機械作用時其表層的破壞過程。此外，也有其他不少資料也對磨損提出了不同的定義，但我們關注的是設備的磨損，也就是主要由摩擦引起的磨損。

　　一般機械零件的正常磨損過程，試驗結果表明是有一定的相似規律的，一般表現出三個過程：磨合階段，穩定磨損階段與急劇磨損階段。

1. 磨合階段

　　在這個階段，由於新摩擦副表面加工後具有原始粗糙度，兩表面開始時的接觸點很少，即實際接觸面積很小，在一定載荷下即產生塑性接觸，磨損速度很快，磨損量和時間(t_1)取決於零件加工的粗糙度、磨合負荷、磨合油等。當原始粗糙度逐漸變小，兩表面被磨平，即進行所謂的「跑合」或「磨合」，接觸面積就逐漸增加而使表面粗糙度達到平衡狀態，從而實現彈性接觸，因而磨損速度也逐漸減慢至t_1時刻的狀態而進入穩定磨損階段。磨合磨損階段一般發生在設備製造或修理的總裝調試時、設備投入試用期的調試以及初期階段。在這一時期內，只要採用正確的磨合規範，就會獲得良好的磨合效果，為設備以後的穩定磨損打下良好基礎。

2. 穩定磨損階段

　　這是磨損的正常階段，如果零件的工作條件不變或變化很小時，磨損量基本隨時間勻速增加，磨損速度緩慢且穩定。當磨損至一定程度，零件不能繼續工作時，這一階段的時間(t_2)就是零件的使用壽命。

3. 急劇磨損階段

　　急劇磨損階段是指當磨損達到一定量時，摩擦條件將發生較大變化，溫度急劇升高，磨損速度也大為加快，這時機械效率明顯降低，精度喪失，並出現異常的噪音和振動，最後導致運轉失效。當出現這一階段時，往往零件已到達它的使用壽命了。從機械安全運轉的角度考慮，機械的摩擦副若能在 t_2 時刻點進行檢修、更換零件是最合理的，這不僅可避免發生事故，還可將檢修費用降至最低，這就是預防維修與狀態維修的出發點。

3 潤滑管理的實施工作

1. 潤滑管理的實施

潤滑管理的目的是：防止機械設備的摩擦副異常磨損，防止潤滑油（脂）、液壓油洩漏和摩擦副間進入雜質，從而預先防止機械設備工作可靠性下降和發生潤滑故障，以提高生產率、降低運轉費用和維修費用。

潤滑管理的內容是：運用摩擦學原理，正確實施潤滑技術管理。

(1)設備潤滑「五定」工作

①定點

確定設備的潤滑部位，按潤滑五定圖或卡片對設備潤滑部位加入潤滑劑。

②定人

明確負責設備各潤滑點進行潤滑的專職人員、操作人員、維修人員及各自責任。

③定質

根據潤滑卡片規定的油品牌號、規格加入潤滑劑。

④定量

按規定數量給設備加油和補充油。

⑤定週期

按規定週期給設備加油、換油，大型設備的油箱定期取樣化驗。

(2)潤滑油的「三級過濾」工作

「三級過濾」是指領油過濾、轉桶過濾、加油過濾。

潤滑「三級過濾」工作在企業實際應用中如圖 7-1 所示。

圖 7-1　企業設備潤滑「三級過濾」流程圖

合格油品到加注點前必須經過三次以上不同數目濾網

三級過濾圖：

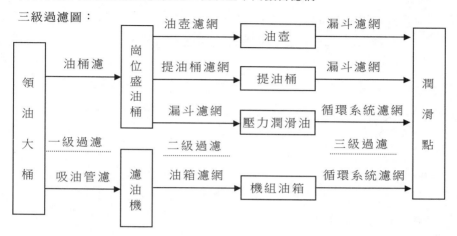

⑶設備清洗換油管理

①定期換油：按照固定週期換油，可能造成浪費。適用於小型、使用率高的設備(如汽車、油箱容量＜25kg 的設備)。

②按質換油：鑑定油質狀態，根據潤滑油品的質量指標來決定是否換油。

企業應根據自身的具體情況、檢測分析能力等，進行合理的決策，不要簡單地、一刀切地都採用按質換油或定期換油。雖然按質換油是一種科學的潤滑管理模式，是企業設備潤滑管理的發展方向，但對很多設備和企業(特別是缺乏精密分析手段的企業)而言，定期換油仍是符合企業管理實際情況的一種潤滑管理制度。

例如某齒輪廠變速器殼體生產流水線，是由 28 台立式鑽床組成的，每台設備全台換油量僅 7kg，採用定期集中換油，勞動強度可下降 10%，而且不佔用生產時間。

③換油標準：有國標、行業標準，一般指標有粘度、酸值、水分、閃點、雜質等。現給出由專業標準規定的部份潤滑油產品的換油指標供參考。

④設備清洗換油技術流程如圖 7-2 所示。

圖 7-2　設備清洗換油技術流程

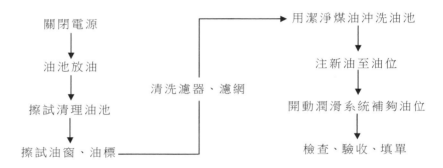

圖 7-3　設備換油流程

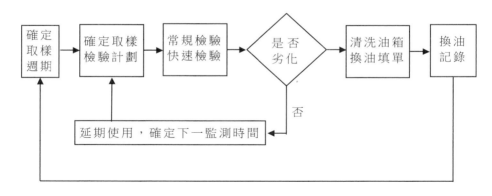

⑷設備潤滑狀態管理

①潤滑狀態良好標準

潤滑部位、潤滑點有潤滑劑，無干摩擦；潤滑裝置元件完好、齊

全，油管完好、暢通；油線、油氈齊全，放置正確；優質潔淨，未過期；各路油壓符合規定；無漏油現象。

②設備潤滑狀態檢查

日常檢查：操作工、潤滑工、當班維修工檢查油標、油位、油路、壓力是否正常，潤滑系統是否流暢，導軌油膜是否符合要求，還有就是日常加油，保證重點設備油箱油位正常。

巡廻檢查：檢查設備潤滑油液位計的液位，自動潤滑系統的油溫、油壓是否正常，油路是否暢通，高位油箱和連鎖保護是否正常。

定期檢查：專業人員、維修人員和操作員共同或分別檢查潤滑系統、液壓系統、滑動面、電動機軸承等重點部位的潤滑狀態和潤滑制度的執行情況。

⑸潤滑卡片的制定

制定潤滑卡片，是潤滑管理的一個重要措施。卡片的內容各企業可根據不同的生產特點而不盡相同。一般按「潤滑五定」的操作形式較為科學，如表 7-1 所示。

表 7-1　潤滑檔案（卡片）

設備名稱		設備編號		型號規格		生產廠家	
潤滑部位							
油品牌號							
加換油週期							
加換油量							
負責人							
潤滑記錄							
時間							
負責人							

2.制訂並實施設備潤滑管理制度

制訂並實施設備潤滑管理制度,同時制訂各級潤滑管理人員的崗位職責和工作條例,包括:

⑴潤滑材料管理制度。　⑵潤滑站管理制度。

⑶油脂庫安全防火規程。　⑷設備清洗換油規程。

⑸廢油回收制度。　⑹潤滑主管工程師崗位職責。

⑺潤滑工崗位職責。　⑻機械師(維修主管)潤滑工作職責。

⑼設備操作人員潤滑職責。

3.防洩漏治理

⑴潤滑洩漏標準

①滲油:油蹟被擦淨後五分鐘不再出現。

②漏油:油蹟明顯,形成油滴,擦淨後五分鐘出現油滴。

③嚴重漏油:主要設備——漏油 1kg/天以上,或全部漏點一分鐘滴油數超過 3 滴;關鍵設備——漏油 5kg/天以上,或全部漏點一分鐘滴油數超過 10 滴;大型設備——漏油 3kg/天以上,或全部漏點一分鐘滴油數超過 6 滴。

⑵潤滑洩漏診斷

如圖 7-4 所示,通過魚骨分析圖從各方面逐層剖析潤滑介質洩漏的原因,直到找出洩漏的根源,根據洩漏根源制定治理方案。

⑶潤滑洩漏治理

①治理原則:一般情況要及時處理,或利用設備停車期間處理,如洩漏可能造成安全事故,應果斷停車處理。

②治理方法:如無法停止生產,在保證安全條件下,必要時採用補焊、堵焊、加強板補焊或帶壓不停車堵漏技術;如可停車處理,可更換密封件,改善動(靜)密封結構。

圖 7-4　潤滑洩漏魚骨分析圖

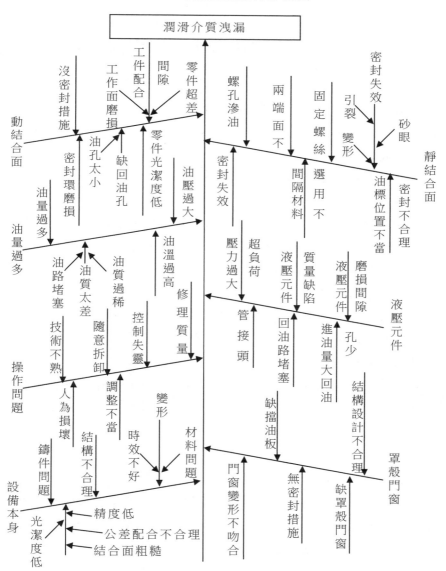

4 有效潤滑的五定原則

　　設備潤滑的管理是設備主管的重要內容之一。它是利用摩擦磨損與潤滑技術，通過管理的職能使設備潤滑良好，從而減少設備故障，減少設備磨損，提高設備利用率。

　　這是潤滑技術管理多年經驗的總結，它使潤滑工作經常化、規範化和制度化，切實貫徹「五定」可使設備達到及時、合理、正確地潤滑，保證設備處於良好技術狀態，「五定」的內容是：

　　1. 定點。即確定潤滑點(設備的潤滑點常用圖形表示，並根據潤滑點的要求配置油標、油池、油槽、分油器等)，規定加油，潤滑工與操作者必須熟悉這些部位。

　　2. 定質。必須按設備說明書或潤滑圖中規定的油料品種、牌號使用，如需代用、摻用，必須經有關主管部門審核批准，油料應有檢驗合格證，潤滑裝置、油路及器具應保持清潔，防止灰塵、鐵屑進入；油料保管部門存放各種油(脂)必須分品種、牌號儲存，嚴禁混雜，保持清潔。

　　3. 定量。對設備各潤滑部位執行加油定量與消耗定額，做到計劃用油、合理用油、節約用油；若超過定額，應查明原因修改定額或解決油料浪費問題。

　　4. 定期。定期加油或清洗換油是搞好潤滑的重要環節，應確定加油、清洗間隔期，同時應根據設備實際運行情況與油質，合理調整加(換)油期以保證正常潤滑。

　　5. 定人。各潤滑點應確定加(換)油負責的人，明確責任，主管人

應做好記錄。如每班(天、週)加油一次的潤滑點，一般由操作工負責加油，各儲油箱、齒輪箱、液壓油箱的加油換油由潤滑工負責，清洗換油時機修工應配合，凡拆卸後添換油的由機修工負責，電氣部份應由電修工負責。

5 設備潤滑人員的職責

1. 潤滑工程師、技術員的職責

(1)全廠設備潤滑管理工作，擬訂各項管理制度、各級人員職責及檢查考核辦法。

(2)編制潤滑規程、潤滑圖表和有關潤滑技術資料，供潤滑工、操作工和維修工使用。

(3)負責設備潤滑油的選用和變更，對進口設備應做好國產油品的代用和用油國產化。暫時無法做到的，應向供應部門提出訂購國外油品申請計劃。

(4)分析和處理設備潤滑事故與油品質量問題，向有關部門提出改進意見，並檢查改進措施的實施情況和效果。

(5)治理設備漏油，制定重點治漏方案，檢查實施進度與效果。

(6)指導潤滑站工作。

(7)學習掌握國內外設備潤滑管理工作經驗和新技術、新材料、新裝置的運用情況，推廣和業務技術培訓。

2. 潤滑工的職責

⑴要全面熟悉服務區域內設備的數量、型號及用油要求。

⑵具體執行設備潤滑「五定」工作和潤滑管理制度。

⑶按期做好清洗換油工作，在齒輪箱、液壓系統等規定部位添加油。每週檢查一次，以保持油位線。

⑷經常巡迴檢查設備潤滑系統的工作情況，發現問題，及時向維修組長或潤滑技術人員報告，以便及時解決。

⑸對質量不好的潤滑油，有權拒絕使用，並且負責廢油回收與冷卻液的配製工作。代用油料必須經過潤滑技術人員的批准。

⑹有責任監督設備操作人員的潤滑工作，對不遵守潤滑規定的人員，應提出勸告；若不聽從，可報告有關主管處理。

⑺按時提出潤滑油料需要量計劃，經潤滑技術人員核准，供應科採購。

⑻協助潤滑技術人員編制潤滑卡片等潤滑技術資料。

⑼經常保持容器、加油工具的清潔完好，及時修補油壺及潤滑工具，做好潤滑站(組)內安全衛生工作。

⑽對設備潤滑不良、浪費油料、損壞工具的現象，提出改進和處理意見，並對沒有及時加油或換油而引起的設備事故負責。

⑾做好領發油和巡迴檢查的記錄以及報表工作。

⑿學習潤滑管理的先進經驗，不斷改進潤滑工作。

6 潤滑管理的操作標準

1. 機動部門

(1)負責設備潤滑管理工作的領導，配備專人負責日常業務工作，組織編制設備潤滑消耗定額，編制設備潤滑管理實施細則。並定期檢查考核，做到合理節約用油。

(2)監督公司潤滑油（脂）的選購、儲存、保管、發放、使用、質量檢驗，鑑定和器具的管理工作。

(3)組織操作人員學習潤滑知識，組織交流，推廣先進潤滑技術和潤滑管理經驗，不斷地提高設備潤滑管理水準。

(4)協助中央試驗室做好潤滑油（脂）的質量核對總和鑑定工作，對不合格品提出處理意見。

2. 供應部門

(1)根據潤滑油消耗定額，組織並審查工廠申報的用油（脂）計劃，並負責潤滑油（脂）採購和供應工作，新購進的油（脂）以產品合格證或入庫抽查化驗單為依據，進行驗收入庫，並做好保管和發放工作。

(2)負責潤滑器具的採購供應工作。

(3)對庫存的潤滑油（脂）按規定時間（貯存三個月以上），向化驗室提出質量化驗委託，保管好化驗單和有關資料並負責提供油（脂）合格證抄件或質量化驗單。對公司甲級、乙級潤滑設備應提供優質潤滑油。

(4)負責對不合格油（脂）的處理工作。

(5)負責公司廢油回收、加工處理工作。

3.檢驗部門

(1)負責公司潤滑油(脂)的分析、化驗,並簽署化驗報告(包括油品的質量檢驗;各單位庫存油品的委託分析)。

(2)負責油品分析所用設備和材料計劃的編制,並按規定報批、採購和使用。

(3)負責油品分析設備檢修計劃的編制及檢修、驗收、報廢和更新工作。

(4)負責油品全部質量管理工作(包括:質量不合格的油品拒付依據的提出,油品標準資訊的收集等)。

4.使用部門

(1)制定本部門潤滑油(脂)的消耗定額和五定指示表,報機動處審定,總經理批准後執行。

(2)提出本部門年、季、月潤滑油(脂)計劃,並按規定時間報供應部門。

(3)提出潤滑方面的改進措施和起草方案,經機動處審查,總經理批准後執行。

(4)定期組織操作人員學習潤滑管理知識,提高操作人員的潤滑管理水準,並定期或不定期檢查操作人員對潤滑管理規定的執行情況。

(5)制定本部門廢油回收措施,並認真搞好廢油的回收工作。

5.操作人員

(1)按規定進行檢查,發現問題及時處理,並做好記錄。

(2)妥善保管並認真維護好潤滑器具,做到經常檢查,定期清洗,並按交接班內容進行交接。

(3)按規定定期補加或更換潤滑油(脂)。

第八章

機器設備的維修保養（二）
機器的檢查

1 維修點檢體制的準備工作

什麼是設備的點檢呢？設備「點檢」定義是：為了維持生產設備原有的機能、確保設備和生產的安全順行、滿足客戶的要求，按照設備的特性，通過人的「五感」和簡單的工具、儀器，對設備的規定部位（點），按預先設定好的技術標準和觀察週期，對該點進行精心地、逐點地週密檢查（檢），查找其有無異狀的隱患和劣化；為了使設備的隱患（不良部位）和劣化能夠得到「早期發現、早期預防、早期修復」的效果，這樣的對設備的檢查過程，稱之為「點檢」。

點檢的對象是企業的各種設備，由建築物開始，包括基礎、機械設備、電氣設備、儀錶、自控、資訊化設備、各種加熱爐設備等，以及環境管理、水、氣、蒸汽、動力等附屬設備。這些設備各有各的特

點，在技術上也各不相同的。從其構成的部份，假如以專業來分，有機械、電氣、儀錶、自控、資訊系統（IT）、窯爐、土木建築等。

表 8-1　「5W2H」的內容

原文	含義	涉及對象	理解為	相當於	用於思考	用於改進
Who	何人	責任者、牽頭人、負責人、擔當者、主持人	給誰 把誰 和誰	定人員	為什麼要他幹	能否換別人幹
Why	為何	理由、原因、動機、出發點	為何做 為何要 為何改	定理由	有沒有必要幹	理由充分嗎
What	何事	內容、標的、項目	是什麼 把什麼 做什麼	定內容	這件事的本質是什麼	能否幹別的事
Where	何地	場所、施工點、方向、地點、監控點、部位	在那裏 到那裏 把那裏	定位置	為什麼在此處幹	改個地點、位置幹行嗎
When	何時	時間、日期、期限、週期	從何時 到何時 除何時	定時間	為什麼此時幹	換個時間幹行嗎
How	如何	手段、工序、方法、流程	怎麼樣 如何做 怎樣用	定方法	為什麼這樣幹	是否還有更好的辦法
How Much How many	何程度	目的、目標	做多少 何程度 啥標準	定標準	幹到什麼程度和水準才行	能否再提高或者降低標準

　　設備隨著生產的運行而劣化，逐漸損耗，其結果將產生磨損、剪切、損壞、彎曲、破損、龜裂、燒壞、接觸不良和腐蝕等現象，以致造成故障，設備的性能、精度下降，導致減產、產品質量下降以及生產廢品。對此，設備管理人員應掌握其變化，並採取對策。設備管理從掌握設備狀況開始，這就需要對設備進行必要的點檢。

　　點檢管理的目的是對設備進行檢查診斷，以儘早發現不良的地方，判斷並排除不良的因素，確定故障修理的範圍、內容，編制工程實施計劃、備品備件供應計劃等精確、合理的維修計劃，這就是設備管理最根本的要求。

2 點檢工作的七定準備

1. 第一個是定地點

要確定點檢設備關鍵部位，薄弱環節。

　　「定地點」：預先設定好設備的故障點，詳細明確設備的點檢部位、項目和內容，以使點檢人員能夠心中有數，做到有目的、有方向地去進行點檢。

　　點檢要「定地點」，就是要「確定點檢設備關鍵部位，薄弱環節」，就是要找出設備的故障點。

　　劣化現象和原因可以從設備本體質量、維修質量、點檢質量和操作保養質量等方面來分析，這些原因大致可歸納為四方面：

　　(1)設備本身的原因：設備本體素質不高。設計不合理、機件強度不夠、形狀結構不良、使用材料不當、零件性能低下，機體剛性欠佳

造成斷裂、疲勞和蠕變等現象。

(2)日常維護的原因：點檢、維護質量不高。污垢異物混入機內、設備潤滑不良、緊固不良、絕緣、接觸不良，造成機件性能低下、機件配合鬆動、短路、得不到及時改善和調整等現象。

表 8-2　性能劣化的兩種形式

劣化形式	意義	舉例
性能降低型	在使用過程中，設備的產量、效率、精度等性能以及電力、蒸汽效率逐漸降低的類型	空氣分離設備 清潔泵 電解槽
突發故障型	在使用過程中，設備性能降低不多，但因部份零件損壞零件後即可修復的類型	機械斷軸 電力斷線 高壓容器的損壞

(3)修理質量的原因：維修質量低劣。修後設備安裝不好、零件配合不良、裝配粗糙、組裝精度不高，選擇配合不合要求，造成偏心、中心失常、振動、平衡不佳等現象。

(4)操作及其它的原因：操作水準低、操作保養質量差。超負荷運轉、技術上調整不良、誤操作，拼設備、不清掃，溫濕控制差、欠保養，風沙、浸水、地震，造成設備運轉失常等現象。

根據日本某案例廠一年的故障實績資料證明：鬆弛脫落的劣化故障佔 22.3%；龜裂、破損、折損的劣化故障佔 12%；磨損劣化故障佔 8.5%；疲勞劣化故障佔 7.3%；潤滑不良劣化故障佔 6.5%；其他劣化故障佔 30.6%。

某廠，某一年的故障實績資料證明：鬆脫劣化故障佔 11%；接地短路劣化故障佔 4.8%；操作、技術劣化故障佔 20%磨損劣化故障佔 25%；潤滑不良劣化故障佔 5.4%；其他劣化故障佔 33.4%。

原因分析證明，減少停機時間，加強點檢和操作使用保養質量，還有很大潛力。

縱觀設備故障的後果，往往是損失巨大的，但故障的起源，往往是設備的某一個細小的零件，個別點的損壞，而不是設備的全體，因此，抓住設備易損的隱患或故障的薄弱點，以及該點要損壞時出現的現象，就可以避免故障的延伸和擴大。

表 8-3　日點檢作業表

日點檢作業表				年　　　　月　　　No.				
設備編號		設備名稱		檢查者		審核		
冷水裝置	檢查項目	允許狀態	月　日	月　日	月　日	月　日	月　日	
	觀察鏡破損	無裂紋及破損						
	觀察鏡水銹	無水銹						
	冷卻水	充足						
	冷卻水管	不洩漏						

「定」點檢員在點檢設備時，必須監測的「點」。按照經驗法確定範圍可以分為三類：

- 主作業線設備：是指直接參加生產工廠產品的技術線上的設備。如汽車裝配線、煉鋼轉爐、鋼板軋機、石化生產線、家用電器組裝流水線等生產線設備。
- 輔助生產作業線設備：是指輔助於生產工廠產品的輔助作業線設備。如供配電、動力、原料處理設施、港口機械、給排水處理等設備。
- 其他預防維修設備：是指單機性，必須採取預防性檢查的對象

設備。如機修、運輸、起重等設備。

點檢部位（點）範圍對於機械（機構）而言主要集中在旋轉和滑動部位，如轉動部位及轉動件，滑動部位及滑動（動作）件。對於機體（結構）而言，主要集中在地基連接部、機架受力部位、高強度接觸部位、原材料粘附部位和受腐蝕結構及機件。對於電氣部件（線路）而言，主要是受電部件、線路接點、絕緣部、聯鎖部、控制系統、電氣、儀錶元件部位等。而其他部位（因其他原因劣化部），集中在技術作業部件、生產產品接觸部件等。

表 8-4 更詳細地說明「設備上隱患或故障的部位和跡象」，即點檢需要監測劣化狀態的診斷點及其表現的狀態。

表 8-4　點檢查找隱患的部位和跡象

	監測劣化狀態的診斷點	劣化及隱患或故障的表現狀態
機械的監測	受力、超重、衝擊、振動、摩擦、運動等	變形、裂紋、振動、異音、鬆動、磨損等
電氣的監測	電流、電壓、絕緣、觸頭、電磁、接點等	漏電、短路、斷路、擊穿、焦味、老化等
劇熱的監測	輻射、傳導、摩擦、相對運動、無潤滑等	洩漏、變色、冒煙、溫度異常、有異味等
化學的監測	酸性、鹼性、異覺、電化學、化學變化等	腐蝕、氧化、剝落、材質變化、油變質等

由表 8-4 看出，診斷設備劣化的監測可以從機械的、電氣的、劇熱效應的和化學的四個方面進行。也就是說點檢查找隱患的部位和跡象，即點檢員對設備要進行「點檢」的「點」，如機械的監測，對機械設備的固定部份、旋轉、滑動部份中，那些可能存在有受力、超重、衝擊、振動、摩擦、運動等狀態，並預測可能會發生變形、裂紋、振

動、異音、鬆動、磨損等現象的地方，就必須確定為點檢的「點」。

同理，對電器、電氣裝備上，那些可能存在有電流、電壓、絕緣、觸頭、電磁、節點等狀態，並預測可能會發生漏電、短路、斷路、擊穿、焦味、老化等現象的地方，也必須確定為點檢的「點」。

表 8-5　點檢計劃分類表

種類		點檢方法	承擔部門	週期	內容
日常點檢		運轉前後及運轉中，憑五官感覺檢查	點檢部門	按每個設備裝置定週期	檢查狀況良好
定期、長期點檢	重點點檢	運轉前後及運轉中憑五官及用測量器具的檢查	點檢部門	按每個設備裝置定週期	振動、音、熱、鬆動、磨損等
	解體點檢	設備停止時，用五官及測量器具檢查	點檢部門	按每個設備裝置定週期	磨損、給油、整流子面等檢查
	循環維修點檢	從設備裝置中將循環、重覆維修的部件卸下解體檢查	點檢部門	按每個部件定週期	磨損、腐蝕、探傷、絕緣劣化等調查
精密點檢		運轉中或停機時使用特殊測定器具檢查	維修技術部門	根據維修部門委託而定	振動、應力、超聲波探傷

除此以外，那些可能存在有輻射、傳導、摩擦、相對運動、無潤滑等或酸性、鹼性、異覺、化學變化、電化學等狀態，並預測可能會發生洩漏、變色、冒煙、溫度異常、有異味等或腐蝕、氧化、剝落、材質變化、油變質等現象的地方，都必須確定為點檢的「點檢點」。

另外，有關安全、防火、環境、健康，以及可能造成產品質量劣化的典型結構、位置也應該列為需要點檢的部位。

2.第二個是定項目

確定點檢項目即檢查內容(技術水準匹配,儀器儀錶配套)。

(1)點檢項目的分類。按點檢的類型分類分為:

· 良否點檢:對「性能下降型」的劣化,只進行對劣化的程度檢查,並判斷其維修的時間。

· 傾向點檢:對「突發性故障型」的劣化,對劣化的程度進行點檢,並預測其壽命和維修、更換時間。

按點檢的週期分類分為:

①日常點檢:主要是依靠五感進行外觀檢查,在設備運轉中(或運轉前後)由操作工承擔的點檢稱日常點檢,也稱生產點檢或操作點檢。日常點檢的週期通常在一週以下。

②定期點檢:定期點檢不是在設備發生故障之後進行,盡可能在發生故障之前,依靠點檢發現異常情況,是減少損失的一種手段,也就是通常所說的預防性檢查。主要是通過點檢人員的五感來進行檢查,同時,也用各種檢測儀器來進行檢查,然後,將各設備的檢查結果作為連續的履歷記錄下來,再進行綜合性的研究,制訂最恰當的維修計劃。

所謂定期點檢是在設備運行前後,用人的五感及檢測儀器進行,週期為 1~4 週之間,和日常點檢一樣,基本上是外觀性的,以此來預測設備內部。

定期點檢根據方法不同又分為兩種:

· 週例點檢:即在一個月內要進行的重點點檢項目。

· 重合點檢:專職點檢人員對一個月內點檢的項目中與日常點檢重合進行,詳細的外觀檢查,用比較的方法來確定設備內部的工作情況。

③長期點檢。為瞭解設備磨損情況和劣化傾向對設備進行的詳細

檢查。檢查週期一般在一個月以上。

長期點檢基本包括兩個方面：

・解體點檢：所謂解體點檢，是對那些在調換部件時不能點檢的重要設備，將停止運行一段時間，在現場解體進行的內部檢查，並更換易損件等。這種在現場進行的修理工作，稱為補修。

・循環維修點檢：循環維修點檢是按照設備的每個部件(元件)，或決定某一個週期，把調整下來的部件送到修理廠解體檢查，並作記錄。將換下、修理、組裝起來的作備品。這種修理也稱離線修理。

④精密點檢。由專門技術小組使用專門的精密儀器或其他綜合性調查的手段，對設備進行的定量測定稱精密點檢。精密點檢可以是定期的也可以是不定期的，由點檢提出委託計劃，或配合檢修，根據點檢的要求進行，其測定的數據都應及時反饋給專職點檢人員，以便系統把握狀態數據和實績分析，決定維修對策。

按點檢的方法分類為：

・解體點檢：在設備現場進行分解點檢，這種點檢一般都屬於工程性的項目，也就是點檢提出工程項目，委託給檢修方解體檢查。

・非解體點檢：在設備現場作外觀性的觀察檢查。這種點檢一般都是由點檢人員自己完成。

(2)點檢項目的基本內容。

日常點檢工作的內容為：

點檢：依靠視、聽、嗅、味、觸等感覺來進行檢查，主要檢查設備的振動、異音、濕度、壓力、連接部的鬆弛、龜裂、導電線路的損傷、腐蝕、異味、洩漏等。

修理：螺栓、指標、片(塊)、熔絲、銷及油封等的更換，以及其

他簡單小零件的更換及修理。

調整：彈簧、傳動帶、螺栓等鬆弛的調整，以及制動器、限位器、液壓裝置、液壓失常和其他機器的簡單調整。

清掃：隧道、工作臺(床)、航梯、屋頂等的清掃，各種機器的非解體拆卸清掃。

給油：對給油裝置的給油，給油部位的給油作用檢查、更換。

排水：排除空氣缸、煤氣缸、管道篩檢程式各配管中的水分以及各種機器中的水分。

定期點檢(長期)的業務內容為：

· 點檢標準、給油脂標準的編訂、修改。

· 作業卡(計劃表)的訂制及實施。

· 維修計劃的編制及實施中的協調。

· 數據計劃的編制及組織落實到施工現場。

· 點檢區設備維修費用的預算、掌握、控制。

· 劣化傾向管理的實施和掌握。

· 參加事故分析和處理。

· 改善研討。

· 資訊傳遞，狀態情報提供。

· 溝通日常點檢的業務，指導日常點檢工作。

精密點檢的內容，如表 8-6 所示。

表 8-6　　精密點檢內容

項　目	內　容
定期精密點檢及異常診斷	按精密點檢計劃表進行劣化傾向檢查,由地區進行的異常診斷。
設備故障調查	重要設備的故障狀況調查及原因分析
設備綜合性調查	在維修方法,為獲得有問題的設備解決方案及判斷更新時間而進行的綜合性調查
施工記錄,試運轉	大修和故障修復方案的決定,試運轉的精密測定;施工記錄
購入零件的管理檢查	購入零售的驗收檢查和合格判斷
精密點檢器具的管理	用具的領用、管理

3. 第三個是定人員

確定點檢人員(按照不同點檢分類確定)。按照「點檢的分類」方法,雖然可以按點檢種類、點檢方法和點檢週期分成各種不同的「點檢」,但從各種不同點檢的實施者來看,不外乎分成:生產系統的操作人員、設備系統的專職點檢人員和技術系統的精密點檢人員三大類。

設備的「日常點檢」是設備點檢的基礎,設備的「日常點檢」由企業生產系統的操作人員擔任。由於設備「日常點檢」的工作量大、連續性強,而且又是時時、天天、月月、年年,循環往復地、不間斷地進行,因此,做好這項工作的關鍵是要使生產系統的操作人員具備相當高的素質。

生產系統的操作人員要掌握「五會」,即:會正確操作、會日常維護點檢、會停送電操作、會運行管理、會排除故障。

這類專業性很強的「技術型」生產工人,應該具備:

- 較高的文化水準，一般達到高中以上水準。
- 較深的技術知識和操作技能，要經過專門培訓。
- 掌握基礎理論知識，熟悉設備性能、結構、特點，會維護、保養的技能。
- 高度的責任感，吃苦耐勞、扎扎實實地工作。
- 高敏感度，善於發現問題，有分析總結的能力，靈活排除故障、內外聯繫本領。
- 善於開拓，注重資訊的處理，堅持 PDCA 不斷循環工作。

　　設備系統的專職點檢人員的配置，是按照企業的產品生產線來設置的。原則上，每條主作業線（按照生產工序的繁簡、設備裝置的多少）配置有一個、幾個或幾條生產線合：一個機械專職點檢小組、電氣專職點檢小組和儀錶專職點檢小組，每個小組定員為 3～5 名點檢人員。

　　由於「設備專職點檢」不是一種純技術工作，也不是單一的管理工作，它是一項專業技術與管理技術互相有機結合體，二者不可分割的綜合性技術工作，所以對設備系統的專職點檢人員的素質要求，不同於參與設備維修的生產系統操作人員和單一從事設備維修的設備工人，也有別於一般的管理幹部和技術幹部。

　　設備系統的專職點檢人員的基本條件是：

- 掌握現代化設備管理的基礎理論，具有一定的管理能力及較強的管理意識。
- 有較寬知識面，有較扎實的專業知識和豐富的實踐經驗。
- 能使用多種的基本測試設備、診斷儀器儀錶以及各類特殊工具，在技術技能上是多面手。
- 具有一定的組織能力，橫向工作的協調能力，以及較強的口頭、書面的表述能力。

‧ 有強烈的安全意識和責任感，並融彙到現場實際設備點檢工作中去。

‧ 具有一種開拓向上、勇敢進取，不怕困難的工作品格，為設備的現代化管理推進而敢於犧牲自己利益的精神。

　　設備系統的專職點檢人員的準備是一項重要工作。企業要從企業相應的人員中(如：生產操作人員、設備維修技術人員和設備維修人員)，物色合適的人員，進行業務對口培訓，因為企業的點檢人員，只有靠企業自己來培養。同時要進行「專職點檢人員」的選拔和培訓，並取得上崗證。

　　在日本，對專業點檢人員，都要經過嚴格的特殊的培訓，合格後才能擔任設備專職點檢員，一般企業培養一個優秀的專職點檢員，需要 5～9 年的時間。

　　由專職點檢人員委託，企業技術部門的專業人員運用精密檢測儀器、儀錶，對設備進行綜合性測試調查或運用診斷技術測定設備的振動、應力、溫度、裂紋變形等物理量，並對數據進行整理分析比較，定量地確定設備的技術狀況和劣化程度，判斷出處理方式的過程，即為精密點檢。

　　由於「精密點檢」不是一個完全定期的項目，所以精密點檢的人員也不是完全固定的。

　　那麼，如何來「定」精密點檢的人員呢？

　　原則上，精密點檢的人員是由設備系統的工程技術人員組成，但工作需要時，可以邀請企業內，甚至跨企業、跨行業地邀請企業外的專業技術專家，來共同組成精密點檢小組。

　　按照需要「精密點檢」對象的問題性質，酌情委託或邀請一位或數字對口的專家或工程技術人員。

　　按照需要「精密點檢」對象問題的重覆性，可以設置固定的小組，

定期地對其進行精密點檢；也可以按「虛擬團隊」的形式，組成不定期、不固定形式的靈活小分隊，實施不同委託的精密點檢。

4.第四個是定週期

「定週期」，即是指「確定點檢週期」。什麼是「點檢週期」呢？「點檢週期」是指在正常的情況下，在確保穩定、真實的前提下，從這一次對設備上指定的檢查點進行點檢，到下一次再進行點檢時的時間間隔，稱之為點檢週期。故對於設備上估計的故障部位、項目、內容點，均要有一個明確的預先設定的點檢週期，並通過點檢人員素質的提高和經驗的積累，進行不斷的修改、完善，摸索出最佳的點檢週期，以確保設備正如人們的例行體檢一樣，醫療機構對人體的重要部位、器官進行健康保健檢查時，一般也有一定的間隔，設備上也是一樣，有的項目每天、每班都要檢查，如：軸承溫度、換向器的火花、潤滑給油狀況等，有的部位則幾天查一次，如：箱體振動、電器保護整定值的調整、儀錶對零等，更有幾個月或上年的，如：機架變形、滑道磨損、電動機絕緣老化等。

確定點檢週期的長短一般要考慮以下幾個要素：

⑴點檢週期與 *P-F* 間隔有關。*P-F* 間隔期是設備性能劣化過程從潛在故障發展到功能故障的時間間隔。潛在故障不是故障，但已經存在可感知的跡象，相當於人處於「亞健康」狀態；功能故障是使設備喪失功能的故障，是真正意義上的故障。如果 *P-F* 間隔是 4 個月，預防維修的準備需要 1 個月，那麼點檢週期設定在 3 個月可以保證有一次點檢落在 *P-F* 間隔，同時留有 1 個月的準備時間。因此，「*P-F* 間隔」理論是指導「確定點檢週期」的主要根據。

⑵點檢週期與設備的安全運行有關。在正常的情況，以及確保穩定、真實的前提下，即指必須要保證設備運行安全，點檢週期的長短，不能超過設備功能故障發生的時間，否則，就失去意義了。

　　(3)點檢週期與設備運行的生產製造技術有關。設備是為生產、製造產品服務的，生產製造技術簡單，設備功能相對也就單一，點檢週期可長一些；反之，產品精密，生產製造技術繁雜，對設備要求高，點檢就需勤一些，幾乎每班，甚至一個 8h 裏，要點檢數次才行。其次，還與技術的可行性有關，如：旅客列車、航班飛機的點檢，必須在停站時才能進行，這時的點檢週期，就必須是這一站路程的時間，所以在火車停站時，人們經常會聽到有鐵路員工拿著點檢錘，在點檢敲擊機車的避振彈簧、機車輪轂等的聲音。

　　(4)與設備的負荷、耗損有關。一般來說，負荷愈大、耗損愈劇烈，相對點檢的週期就應該愈短，表 8-7 給出了起重機的點檢週期設計。

表 8-7　起重機的點檢

設備部件名稱：重型橋式起重機	點檢內容	點檢週期
起重機專用行走鋼軌	鋼軌表面有無裂痕、損傷和起皮	日常點檢，每 1 天
鋼軌壓板螺栓	鬆動、斷裂、短缺	日常點檢，每 1 天
走行輪軸承	異音、發熱、振動、潤滑給油	日常點檢，每 1 天
主捲制動器	磨損、發熱、鬆動	定期點檢，每 1 週
走行車輪	表面有無裂痕、損傷和起皮、唷邊	定期點檢，每 1 週
各個減速機	外表總體點檢	定期點檢，每 1 週
捲上捲筒減速機	解體點檢	週期點檢，每 1 年
車輪走行減速機	解體點檢	週期點檢，每 5 年
電氣開關，機側盤	開放點檢	定期點檢，每 6 月
電氣開關，電源盤	開放點檢	週期點檢，每 3 年

⑸在沒有參考、設有先例的情況下，如何來確定點檢週期。可以採取「逐點接近法」。首先，人為預定一個時間來實施之；然後觀察其結果是否在這個間隔期中，有隱患或故障出現。如有，則縮短點檢時間再試之；如兩次檢查間平安無事，可以適當拉長點檢時間實施，以觀後效。

重點點檢和長期點檢週期，一般有一個月以內的重點點檢和一個月以上的解體點檢和循環維修點檢。由於條件的不同，不可能作出統一的決定，一般可以認為根據預防維修(PM)的程度，按以下幾個方面來決定週期：

①參照產品樣本、使用說明書以及附帶數據，首先確定點檢週期，在進入實施的同時，作好維修記錄。

②綜合參考維修記錄(至少在半年或一年以上)和生產情況等，研究故障的部位和零件，同時，根據其他同類設備的資訊及經驗，在上述基礎上更進一步確定週期。

③參照維修記錄，同時考慮設備性能劣化的傾向，由劣化所帶來的損失和檢查修理等維修費用，而後確定點檢週期。

定期點檢一方面要與生產計劃緊密結合，並按照定修計劃進行工作；另一方面，就是所謂點檢員要積累經驗，實施「點檢週期」可調化，進行不斷的修改、完整，摸索出最佳的點檢週期。

5.第五個是定方法

即確定點檢方法(解體，非解體，停機，非停機，五感，儀錶)。點檢的方法與點檢的分類有密切的聯繫。

⑴日常點檢。按照 TnPM 的維修指導觀念，生產操作人員必須參與設備的維修活動，其活動的範圍及內容，與管轄本區域設備的點檢員，以協議的形式確定。因此，生產方在進行生產操作、檢查的同時，要進行設備的狀態檢查。這種由生產操作人員承擔的設備檢查，稱為

日常點檢。

　　日常點檢的內容如下：

　　利用「五感」點檢：依靠人的五官，對運轉中的設備進行良否判斷。通常對溫度、壓力、流量、振動、異音、動作狀態、鬆動、龜裂、異常及電氣線路的損壞、熔絲熔斷、異味、洩漏、腐蝕等內容的點檢。

　　邊檢查邊清掃：清除在生產運行過程中產生的廢料(液)，防止被掩埋了的設備性能劣化或損壞。此項工作應在生產巡檢時及時進行，按程序及時處理劣化的設備，防止故障的擴大。

　　做好緊固與調整：在五感點檢過程中，如已發現了鬆動和變化時，在確認可以實施恢復和力所能及的前提下，應該予以緊固與調整，並記錄在案、及時地報告和傳遞資訊。

　　日常點檢的方法與技巧包括：

　　日常點檢表的確認：按設定的日常點檢表逐項檢查，逐項確認。

　　點檢結果的處理：點檢結果，按規定的符號記入日常點檢表內，在交接班時交待清楚並向上級報告，對發現的異常情況處理完畢，則要把處理過程、結果立即記入作業日誌；對正在觀察、未處理結束的項目，必須連續記入符號，不能在未說明情況下自行取消記號。每班的點檢結果，生產作業組長都要認真地確認，簽字。

　　不同要求的三種點檢：根據不同崗位，不同要求，一般每個作業班，都要進行三種點檢。即：

　　‧靜態點檢：停機點檢，要求做到逐項逐點進行。

　　‧動態點檢：不停機點檢，要求做到逐項逐點進行。

　　‧重點點檢：隨機進行，重點部位認真檢查。

　　一個班的點檢作業，可能要分幾次點檢。因此，在做操作檢查時，要事先設定好，進行設備日常點檢的「點檢路線」是極為重要的。其一，可以避免重覆點檢，提高點檢效率；其二，可以防止點檢項目漏

檢，保證點檢的到位。

⑵良否點檢。在使用「五感點檢法」，需要判別檢查點良否的知識，包括：

①振動知識。人體對振動的感覺界限，一般在適當的轉速下，單振幅在 5μm 時，就不容易感覺到。當一台 15～90kw、3000r/min 的交流電動機，安裝在牢固的基礎上時，其單振幅允許在 50μm 以下。用手感判別振動的良否，可以用一支鉛筆，筆尖放在振動體上，如果垂直放置的鉛筆，發生激烈的上下跳動，而且向前移動時，就有超值的可能，需要進一步用專用「振動測定儀」測定其振動值。

用手感判別振動良否，往往採用相對的比較法來確定，因此對新安裝的設備的原始振動手感度(或用鉛筆跳動法)的把握是很重要的。另外，還可以通過用同規格的設備相互比較的方法，來確定振動是否存在差異。總之，經驗判別方法是很多的，這對生產操作的日常點檢是尤為重要的。

②溫度知識。使用半導體溫度計來測定設備的溫度變化，當然是最為理想，此法多數用在新安裝或修理完畢需要觀察溫升的情況下。在日常點檢的過程中，往往採用手指觸摸發熱體，來判別溫升值是否屬於正常。

手指觸摸判別溫度的技巧是：用食指和中指，放在被測的物體點上，根據手指按放後，人能忍受時間的長短，來大致判斷物體的溫度。

③鬆動知識。

a.用目視法觀看螺栓是否鬆動。一般在緊固的螺栓上，總會粘有油灰，在存在鬆動的螺栓上的油灰、形態有別於未鬆動的螺栓，往往會出現新色、脫落的痕跡。

b.用「點檢錘」敲擊被檢查的螺栓。若敲擊聲出現低沉沙啞的情況時，同時觀察螺栓週圍所積的油灰出現崩落的現象，基本上能判斷

出是否存在鬆動現象。對存有懷疑的螺栓用扳手緊固確認。

　　c.最好在螺栓緊固時，用有色油筆在螺栓和固定底座之間，畫一道細細的直線。再次點檢時，如發現螺栓和底座之間的直線已經對不準了，即說明螺栓振鬆了。

　　④聲音知識。對轉動的設備是否存在缺油、斷油、精度損失，可以用測聽聲音的辦法來判別其狀態。常用的是用「聽音棒」，判斷的正確率取決於各人的經驗，因此對生產操作日常點檢人員來說，要對新安裝的設備不斷地測聽，熟記該設備運轉時所發出的特徵音。

　　聽音技巧描述如下：

　　a.使用「聽音棒」測聽時，聽音棒前端要形成 R1.5 的圓形頭。另一端要形成一個不小於 $\varphi 15$ 的圓球。聽音時要注意：該圓球要按放在小耳上，不要直接放在耳孔內，以防產生意外的外力而損傷耳膜。

　　b.軸承的正常轉動聲音是均勻、圓滑的轉動聲。若出現週期性的金屬碰撞聲，提示著軸承的滾道、保持架有異常。當出現高頻聲，則往往是少油、缺油現象，結合溫升進行綜合判斷。對電動機的磁聲判別：正常的磁聲是連續的、輕微的、均勻的沙沙響聲。有異物進入定轉子的間隙或者偏心時，這種連續聲被破壞，不再出現。

　　c.要鑑別某一頻率的聲音時，一定要集中觀念，腦子要專心地捕捉這一頻率特徵的聲音，這樣當其他頻率的聲音波進入耳中時才會被濾掉。

　　聽音，很大程度是要靠經驗。所以，有的老工人，人還未進廠房，已經能聽到機器設備有異音，估計可能是什麼毛病了。

　　⑤味覺知識。通常不太應用「嘗」字，因要「進入口中」，故要十分謹慎，除非在特殊場合，如電化學、化學範疇，急需鑑別酸性和鹼性時，在特別有經驗的人員和確保對身體無害的前提下，方可實施。

　　⑥電氣、儀錶點檢知識。溫度、濕度、灰塵、振動是影響電氣、

儀錶性能發揮的主要因素，故用「五感」也能作一個大致的判斷。

灰塵堆積處、沾汙部位以及外觀損傷處往往是故障多發點。在對這些部位進行五感法檢查時，不要使儀錶盤內處於工作狀態。

大量使用接插件及接線端子的儀錶系統，同樣存在接觸狀態是否可靠的隱患，日常點檢時，也要列入重點檢查範圍，其技巧有：

a.用手拉、推、搖，一般能檢查緊固接插件的彈簧是否脫落，螺釘是否鬆動，接線端子螺釘是否緊、鬆、好等。

b.用耳聽，一般可檢查接觸端子是否有輕微的放電聲音，插座或繼電器是否有不正常的跳動聲。

c.用眼觀察，可發現接線的脫落、緊固繼電彈簧脫落等。

d.以手觸摸發熱體停留時間長短，判斷大致的物體溫度。另一種比較粗糙的估計溫度的高低，是利用人的面部感覺，來判別儀錶箱體內溫度的高與低，以及高於 100℃ 的物體，如電烙鐵、大功率線繞電阻等。注意：只能靠近，不能接觸。

e.盤裝儀錶通常不應產生振動，當有振動存在時，一般是由週圍物體的振源傳遞而來，因此要首先檢查避振元件、儀錶與機架的安裝情況。調節閥潤滑不良，全行程中存在卡殼時，也會發生振動。否則與產生振源的方面聯繫，消除異常的振動發生。

f.電氣、儀錶在用「五感」進行點檢時、常常配以簡單的工具，如旋具、萬用錶、測電筆、扳手等。

⑦故障點尋找技巧。故障發生部位的尋找是技術、經驗、邏輯思維的結合。

對發生故障的系統，一般採用逐級進行檢查方法進行。在檢查中根據故障現象和故障顯示，進行重點針對性檢查。

當系統中出現故障現象在一個以上，在尋找時也應從只有一個故障部位角度考慮。不要急於變動系統的可調部份。如設定值、可變電

阻、電位器等，均應保持在故障發生前的狀態，以防混淆或擴大故障現象。當更換插件板，確定故障時，要逐塊更換。必須杜絕多人指揮，應該實行一人負責，分工查找。動手檢查前，應先檢查是否斷線、短路，接觸不良，執行機構的氣源，液壓源壓力是否正常、熔絲、電源是否正常。

⑶專職點檢員的定期點檢。專職點檢員上崗進行定期點檢，必須攜帶的點檢工器具標準，如表 8-8 所示。

表 8-8　點檢工器具標準

職務	應帶工器具	職務	應帶工器具	職務	應帶工器具
機械專職點檢員	聽音棒	電氣專職點檢員	聽音棒	儀錶專職點檢員	萬用錶(小型)
	手電筒		手電筒		手電筒
	點檢錘		點檢錘		尖嘴鉗
	扳手		扳手		扳手
	旋具		旋具		旋具
			驗電筆		驗電筆
			尖嘴鉗		

專職點檢員在現場點檢時，必須使用點工器具，結合點檢技能、經驗，認真進行點檢，及時判斷和發現設備故障隱患或劣化現象，提高設備點檢命中率，並及時進行處理力所能及的異常點。

專職點檢員應掌握五感(視、聽、嗅、味、觸)點檢的技能方法及根據經驗，進行五感點檢的有關要領。在實施五感點檢的過程中，要依據點檢標準，認真檢查設備，如發現設備出現異常現象，必須從原理上弄清其發生的原因，並根據原因採取正確有效的措施。

設備診斷技術是研究設備故障機理的一門科學，也是從事設備精

密點檢工作必須掌握的一門技術。專職點檢員應掌握設備診斷技術的
基本構成、有關方法、實施內容、基本程序及相關設備診斷儀器的性
能和使用方法。

⑷精密點檢。精密點檢就是運用精密檢測儀器、儀錶對設備進行
綜合性測試調查或運用診斷技術測定設備的振動、應力、溫度、裂紋
變形等物理量，並對數據進行整理分析比較，定量地確定設備的技術
狀況和劣化程度，判斷出處理的方式。精密點檢的內容包括：

機械檢測——振動、雜訊、鐵譜分析、聲發射等。

電氣檢測——絕緣、介質損耗等。

油質檢測——污染、粘度、紅外油料分析等。

溫度檢測——點溫、熱圖像等。

無損探傷——著色、超聲、磁粉、射線、渦流探傷等。

無損探傷內容如表 8-9 所示。

表 8-9　無損探傷內容特點

NO.	名稱	適用缺陷類型	基本特點
1	著色探傷	表面缺陷	操作簡單方便
2	超聲波探傷	表面或內部缺陷	速度快，平面型缺陷速度快
3	磁粉探傷	表面缺陷	適用鐵磁性材料
4	射線探傷	內部缺陷	直觀、體積型靈敏度高
5	渦流探傷	表面缺陷	適用導體材料的構件

振動、雜訊測定主要用於高速回轉機械不平衡、軸心不對中、聯
接鬆動、軸承磨損劣化和齒輪異常等。

鐵譜和光譜分析用以判斷齒輪、軸承等的磨損劣化情況。

油液取樣分析主要利用油液分析儀對油液的劣化程度分析、確定
油液使用性能狀態。週期按設定值。

應力、轉矩、扭振測試主要用於傳動軸、軋機架、壓力容器、起重機主樑等。儀器有：全橋應變檢測裝置遙感應變儀、示波器、磁帶記錄儀等。

繼保、絕保試驗用於對變壓器、電動機、開關、電纜的檢測。判斷電氣設備的精確性、安全性和可靠性。按維修技術標準及試驗規程確定檢驗的週期、內容。

對開關類如少油斷路器、磁氣開關、直流快速開關，SF6 等接觸電阻測試遮斷值等項目。

電氣控制系統主要檢測內容為：

① 可控矽漏電流測試。

② 傳動保護試驗。

③ 傳動系統 APPS(觸發脈衝)及控特性試驗。

④ PLC 統測試。

精密點檢部份內容與設備線上監測內容有共同的原理和方法。

6. 第六個是定標準

定標準，即確定點檢檢查項目的判定標準(根據設備技術要求、實踐經驗)。

所謂「標準」，即是衡量人們的「行為動作、工作任務」等實施過程的基本準則，也稱為「基準」。

基準可以從管理和技術的不同角度分為兩種，通常把管理上的基準，包括工作程序、規程、規則、步驟、方法等方面的東西稱為基準。而把技術上的基準包括技術的指標、品質的界限範圍、技術上規範等內容稱為標準。

點檢標準是確定點檢檢查項目的判定標準(設備技術要求、實踐經驗)。

點檢標準是點檢人員對設備開展點檢、檢查業務的依據，是編制

點檢作業計劃表、卡和如何進行點檢作業的基礎，它規定了對象設備的各部位點檢項目、內容、週期、判定標準值以及點檢的方法、分工、點檢狀態等。

點檢標準的內容如下：

⑴對象設備、裝置等列入管理範圍的部位(如電動機、減速機、或傳動部份等)、項目(軸、軸承、齒輪等)、內容(溫度、磨損量、振動或損傷等)。

⑵確定進行點檢檢查判定是否正常的依據，即檢查的標準值。如發熱的溫度值、磨損的允許量值等。

⑶根據實施點檢檢查的特性所確定的檢查週期、狀態、方法以及實施點檢作業工具、儀器等。

⑷完成點檢作業的分工、日常點檢(即生產方的承擔範圍)和定期點檢(即專職點檢方的業務範圍)分工協議確定。

上述四點解決了一台設備列入點檢的是些什麼內容、用何標準判定、如何進行的方法、以及由誰來進行作業實施的一整套標準化作業。

點檢標準根據專業和使用條件的不同，分為兩大類，即通用標準和專用標準。

通用點檢標準是指同類設備在相同的使用條件下實行點檢檢查的通用標準，一般多數用於電氣設備和儀錶設備，如高壓旋轉式接觸器，各類高直流電動機、高壓電線、高壓盤以及各種控制器、檢測器等。對於同類型同規格的機械設備，如使用條件相同的話，也可以採用通用性的點檢標準，如泵、風機、輥道等。

一般用於機械設備的均是專用點檢標準，特別用於技術要求特殊、工作環境惡劣及運轉有特別要求的非標設備。

另外，也可按用途不同分成日常點檢標準和定期點檢標準兩種。日常點檢標準適用於生產操作點檢，多數為定性的五感法點檢。而定

期點檢標準則用於維修方專業點檢人員作業實施。

專業點檢人員根據設備使用說明書、維修技術標準表和本人的工作經驗，對所轄設備編制點檢標準。具體由點檢組長組織點檢員編制初稿，經本作業區作業長審查批准，交點檢組長試行。在試用的半年至一年中，根據設備運轉狀態、故障、維修實績等因素，對點檢標準進行一次全面修改。以後每年根據上述實施實績及點檢人員的技能提高和經驗積累，必要時進行修改和完善，以達到活用、有效的管理。

在「六定」的基礎上，根據主作業線設備→非主作業線設備；維修難度高→一般設備的次序，按照「點檢作業標準」的表格，逐項填寫。

設備名、裝置名、編號、部位、項目及內容，應該按實填寫。注意編號應該使用企業統一的編碼；生產操作的日常點檢與專職點檢的定期點檢的週期是不同的，應分別填寫，有的企業還包括設備運行部門，這也要將其點檢週期列出，可以用代號表示，詳見右上角的對照；每個部位、項目、內容都應明確點檢分工，點檢的責任者是那個部門；設備狀態是指點檢時，要求設備處於停機狀態還是可以在運轉狀態下進行；點檢的方法是用「五感點檢法」，還是使用一些儀器；點檢標準應該符合設備正常運行的定量數值。

需要說明的是：第一，「點檢作業標準」是個動態的、逐漸積累而形成的，需要不斷地修改和補充，所以，開始時不會做到十全十美，而應該是先做起來，實施中發現問題再解決問題；第二，如果有同類項的設備，則可以參考，所以，資訊交流、經驗交換也是十分必要的。

「點檢分工協議」是由該設備區的專職點檢小組負責起草，將該區的設備在日常點檢和定期點檢的工作中，做一個宏觀上的分工：首先要明確那些是由生產操作的日常點檢來進行，那些是由專職點檢來進行；一般，前面七項由生產操作的日常點檢員進行實施，必須按分

工協議認真執行，特別是患情報告，一定要及時反映；其次，「點檢分工協議」每半年制訂一次，專職點檢小組與分廠生產操作的作業小組對口，簽字確認，一式四份，除所述的兩個部門外，一份報分廠設備管理部門，一份交委員會留存；最後，「點檢分工協議」執行的好壞，由分廠設備管理部門考核，並與績效考核掛鉤；雙方實施卓有成效的，上報企業，予以嘉獎。

表 8-10　日常點檢計劃表

設備名：　　　　　　　　　　　　　　　　　年　　月　　週　　日

裝置名					
部位、項目的名稱					
週期	第一週				
	1 2 3 4 5 6 日				
	第二週				
	1 2 3 4 5 6 日				
	第三週				
	1 2 3 4 5 6 日				
	第四週				
	1 2 3 4 5 6 日				
	第五週				
	1 2 3 4 5 6 日				
備　註					

「日常點檢計劃表」是點檢實施日常作業的依據，是實施點檢的重要文件。此表適用於生產操作的日常點檢、專職點檢的定期點檢以及相關人員的點檢計劃；應填清楚設備名、裝置名、部位項目名稱及

週期；一般此週期的長度，不會超過一個月。填表時「週期」的代號在表的右上方詳述；此計劃表設定為一個月，以每天為基本單位，如有點檢的項目，應在此項下作一記號；應將這一個月的點檢計劃，在橫行上面都列出，這樣，將縱向方面匯總，即是每天必須點檢項目的計劃，在此基礎上，即可估計點檢時間、安排點檢路線，實施點檢作業；點檢計劃表也是個動態的表，定期要進行核對、驗證和確認，有必要時可以進行修改和改進。

　　「長期點檢計劃表」又稱「週期管理表」如表 8-11 所示，有時也用於「傾向管理、精密點檢計劃表」之用，他是實施長期點檢作業的依據，也是實施點檢的重要文件。

表 8-11　長期點檢計劃表

設備名：

裝置名	部位/項目名稱	計劃/實際	年度 1 2 3 4 5 6 7 8 9 10 11 12	年度 1 2 3 4 5 6 7 8 9 10 11 12	備註

　　此表僅適用於專職點檢的長期點檢以及相關設備技術人員的傾向、精密點檢計劃；首先，應填清楚：設備名、裝置名、部位項目名稱及週期；一般此週期的長度都超過一個月甚至於到「年」，填表時「週期」的代號在表的右上方詳述；此計劃表設定期為三年，以每一個月為基本單位。如有長期點檢的項目，應在此項下作一記號；應將這一個週期的點檢計劃，在橫行上面都列出，這樣，將縱向方面匯總，即當年每個月必須點檢項目的計劃，在此基礎上，即可估計點檢時

- 119 -

間、安排點檢人員、準備點檢工具、實施點檢作業;由於有些傾向管理和精密點檢的週期比較長,所以,也可以使用此格式的表格。其次,為了便於使用和核對,在每個項目欄裏,有「計劃/實際」兩格,應分別做記號,即計劃時先做一個記號;待計劃實施後,再作一個「完成」的記號;長期點檢計劃表也是個動態的表,定期要進行核對、驗證和確認,有必要時可以進行修改和改進。

7.第七個是定記錄

即確定點檢記錄內容項目及相關分析。點檢在實施「點檢業務」之前,首先要規劃點檢在設備管理業務中應掌握一些什麼樣的設備運營實態資訊數據,包括:點檢需要記錄內容的項目、相關的分析,以及點檢總結、疏通業務、研討改善對策、修正標準、預算計劃並實行管理的 P.D.C.A 循環,這是點檢管理規劃化、標準化的反饋部份。

正確登錄設備在點檢中的各類數據、整理實績、分析點檢檢查的結果,從中獲得改進工作的啟迪和良策。它包括點檢實績檢查記錄內容和相關的點檢檢查實績分析兩部份。

點檢實績記錄內容包括:

⑴點檢結果的記錄表:主要是設備狀態缺陷,處理記錄,包括點檢檢查表,缺陷記錄表,週期表、給油脂實施記錄表。

⑵點檢日誌:記錄專職點檢員一天的作業情況。其要點是:

①記錄點檢活動的一天軌跡。所以要每天及時記錄,不能集中處理。

②記錄按時間順序的過程。

③對重點地方或需要引起注意的事項,用彩色標出。

④日誌的內容,不僅要記錄活動的流水帳,更要記錄對比問題的分析、判斷、對策、結果等(5W2H)內容。

⑤點檢班組長要檢查(每天)點檢日誌;點檢作業長至少要每週,

對點檢班組長的作業日誌進行檢查；分廠設備管理部門的領導，至少一個月一次，對作業長的日誌進行檢查，以上都應簽上名。

⑶缺陷、異常的記錄：記錄在點檢實施中設備的缺陷異常情況，並將處理的結果，列入維修計劃的內容和必須改善的部位等。

⑷故障、事故的記錄：記載主作業線設備故障及其設備事故的部位、內容、造成的原因以及採取的對策和吸取的教訓，並向點檢作業長提出故障、事故報告書。

⑸傾向記錄：搜集設備狀態情報，進行劣化傾向管理，把握設備故障情況的運轉實態，結合精密點檢，開展減損部位的劣化傾向管理，以掌握機件磨損、變形、腐蝕的劣化程度，記錄實績並採取相應對策處理。再根據傾向管理的實施情況，進行整理數據及提供傾向管理圖表的劣化數據，供管理備用。

⑹檢查記錄和修理記錄：與檢修人員隨時取得聯繫，記錄設備修理內容、結果、工時、施工單位及更換零件等。並按內容的要求，整理並掌握其檢查記錄和修理記錄，以便提供完整的技術檔案，積累設備實績數據。

⑺失效記錄：掌握設備狀態，對存在的設備失效因素進行消除並記錄，不能馬上消除時，要編制設備失效報告書，以求得有關部門的重視和解決。

⑻維修費用實績：根據維修預算、備品備件、資材消耗記錄；資材耗用的名稱、品質、數量、價格，掌握維修費用的實績，積累設備維修的歷史資料。

點檢檢查的實績分析，分點檢組的分析和點檢作業長的分析兩級。

點檢組長應每週召開一次分析會，由點檢區的專職點檢員參加，簡要分析一週實績情況。主要包括：一週故障情況、原因、對策，檢

修情況；效率和工時利用的提高對策以及小組自主管理(PM)活動情況；點檢作業長每月一次實績分析會，由各點檢組長和對口技術人員參加，詳細分析一月實績情況。

　　除上述外，還應分析本作業區維修費用的實績，以達到提高點檢效率，減少設備故障次數和時間、降低維修費用的目的。

　　編制月點檢實績數據，向地區維修管理作實績報告，構成了點檢管理的 P.D.C.A 循環。即 P(Plan)計劃(點檢計劃、維修計劃、維修使用預算、週期管理表等)→D(do)實施(點檢、傾向檢查、施工配合、協調、故障管理等)→C(check)檢查(記錄、整理、分析、實績報告、對策建議、評價等)→A(Action)反饋(調整業務、修改計劃、標準等)。再回到計劃 P，形成循環，以使點檢整理工作的不斷前進和效率的不斷提高。

心得欄 _____

_____

_____

_____

_____

_____

3 點檢的實施

1. 點檢檢查

即按照點檢規範對設備的點檢部位進行檢查。

(1)點檢檢查的實施

專職點檢員在實施點檢前，應首先搜集和聽取生產操作人員及三班運行人員提供的設備資訊，並查閱他們的記錄，可以理解為詢問點檢。

通常，專職點檢員在進行當日的按點檢路線進行的點檢作業之前，可以通過電話聯絡或者查閱有關生產、運行維護的當班作業日誌、搶修記錄等，瞭解夜間設備運行情況，以修正當日的點檢路線及點檢內容。

對查閱後的生產操作作業日誌或者日常點檢記錄表等，要簽上點檢員的名，對作業日誌上記載的設備異常情況或者提出的問題。要作出書面答覆，決不能發生不予理睬或搪塞性的回答。

點檢作業長在查閱作業日誌等記錄時，更要注意這方面的問題，對生產方提出的問題是否明確及時地答覆、處理、解況，作為考核專職點檢員的一項重要依據。

專職點檢員日常定期點檢檢查的方法必須按點檢路線進行點檢，對點檢計劃表中的點檢內容進行點檢時，一般依靠「五感」，或簡單工器具進行。為了進行比較和判別，要查閱上一次點檢的結果，以及從生產操作方獲得的資訊。

對初次擔任專職點檢員(資歷不長)或者不太熟記每一個應點檢

的部位及「點檢點」時，最好能把點檢計劃錶帶到現場，逐行對照點檢，防止遺漏。

專職點檢員，對點檢檢查過程中，發現的設備問題，要瞭解清楚五個方面：

①什麼設備、什麼部位、什麼零件發生了問題。

②在什麼時候發生的。

③在什麼地方發生的（如：移動機械、橋式起重機及其它設備的故障停位點）。

④什麼原因引起的。

⑤什麼人在現場或是什麼人發現的。

對經常出現故障的部位，必須進行跟蹤點檢，實施對設備進行「人機無聲對話」。

即「人」在故障多發點部位，要開動腦筋，不斷地向自己提出故障可能發生的原因，並進行分析、排除故障的思考，直至找到「機」真正的原因。例如：當齒輪減速機高速檔齒輪發生經常斷裂時，除了按正常的思路進行分析原因，採取提高材料強度等辦法，如果採取措施後仍發生斷裂時，還可以站在設備旁，觀察在運行過程中，生產操作方是否存在違反操作規程的現象，如：帶滿負荷起動、使用反向運轉止動、帶負荷連續頻繁點動啟動、地腳螺栓鬆動、中心線偏移和啟動特性過硬等等原因存在，這些問題只有在深入現場、對設備進行「人機無聲對話」後，最終才能被發現的。

所以一個優秀的專職點檢員，在點檢作業時，他的思路是要處於極其活躍的狀態下，視角要極為廣泛，始終帶著對設備運轉的狀態「有懷疑、不信任」的態度去觀察、去檢查，因而才能及時地發現許多細微的、不經常為人們注意的隱患問題。

重視生產操作人員對日常點檢結果的記錄，那怕是一種輕微的現

象(往往是設備劣化的前兆症狀)，都不要輕易地放過，即使是生產操作「日常點檢」反映的那個「發生點」，正好不是在今天的點檢路線上，還是一定要過去檢查一次，不能存在僥倖和幻想，放到以後再去檢查。

對近日檢修過或夜間正常檢修過、搶修過的部位，必須要作進一步的診斷性檢查。

專職點檢員對點檢檢查過程，發現問題應及時記錄，能夠力所能及處理的，要當場及時處理，並將處理結果及時記入點檢日誌中。

專職點檢員對發現的設備問題，要根據有關數據、記錄、實際情況及經驗，進行綜合分析研究。

實施點檢後，專職點檢員應將結果詳細記錄在點檢作業日誌上；若通過點檢作業，發現點檢標準或點檢計劃有明顯不妥之處，應及時予以修訂、改正。

專職點檢員在實施點檢的同時，應結合設備劣化傾向管理、精密點檢與技術診斷進行，用儀器、儀錶進行精密點檢或傾向管理時，要做好完整的數據記錄工作。根據已制訂的劣化傾向、精密點檢計劃表及設備運轉狀況的特殊要求，對設備進行精密點檢和劣化傾向管理，並作好記錄，進行定量分析，掌握機件的劣化程度，達到預知維修狀態之目的。

專職點檢人員在點檢業務中，應搜集資訊，並根據搜集的資訊，把握設備狀態，進行分析處理。

(2)設備專職點檢人員檢查的技巧、要領

優秀的專職點檢員，對於正在作生產運動的設備(機器)、容器、管道、爐窯等，能熟練運用各種點檢的技巧，把握住設備隱患、劣化的傾向和趨勢，探查出隱患和故障發生的原因，及時採取對策和措施，確保主作業線設備的正常運轉，給企業帶來巨額的經濟效益，是

一件極有意義的事情。

衡量一個專業點檢員的點檢實施檢查水準，可以從點檢技巧的兩個方面去掌握和衡量。一看是否掌握了精確制訂標準、計劃、點檢精度表、點檢路線等一系列的計劃類作成的「技巧、要領」。二看是否掌握了憑藉自己的學識、技術、經驗，在千變萬化、交叉複雜的現場點檢作業中，運用邏輯思維，快速、靈活、切實解決這些問題所具有的「技巧、要領」。

對於第二方面，首先要把握兩種技術。

①前症狀的把握技術。

②故障的快速排除技術。

故障點追蹤的技巧：設備隱患、故障「可疑點」的逐一確認。逐一排除。其方法有：

①通常以目視和手摸等「五感」的點檢去查找，一般可發現因機械、電氣等方面，如：緊固件鬆動和部位缺油脂、接插件鬆動，線間短路、線頭虛焊、插件板引線開裂、部位變化和腐蝕等原因引起的故障。

②對可疑部位，暫時採取更換措施。

③運用可疑點之間的因果關係，進行查找。

2.點檢記錄

將檢查結果記錄在案，進行點檢實績記錄管理。

點檢（包括：生產操作的日常點檢和專職點檢人員的各項點檢）業務的實績管理是設備管理業務中，掌握設備運營的實態資訊數據分析和總結、疏通業務、研討改善對策、修正標準、預算計劃並實行管理的 P、D、C、A 循環的重要一環；是管理標準化的反饋部份。

點檢實績記錄管理包括：點檢實績檢查（內容）的記錄和點檢實績的分析兩部份。

表 8-12 精密點檢計劃表與實績表

設備名		點檢內容	方法、工具、儀器	標準	週期	日期		
裝置名	點檢部位							

(1)點檢實績的記錄。

點檢實績記錄的內容包括：

· 點檢日誌：記錄生產操作日常點檢和設備系統專職點檢員一天的點檢作業、活動、業務管理、協調等的情況。

· 設備缺陷、異常情況的記錄：記錄點檢在實施中檢查出來的設備缺陷、異常情況以及處理的結果、必須要列入「維修計劃」的內容和必須改善的部位、問題點等。

· 設備故障(事故)的記錄：記載主作業線設備的隱患、故障(及其設備事故)的部位、內容、造成原因的分析以及採取的對策和吸取的教訓，並向點檢作業長提出故障(事故)報告書的內容和建議改善的辦法(方案)等。

· 設備傾向管理、精密點檢的記錄：根據專職點檢人員對指定設備實施傾向管理、精密點檢的情況，進行數據整理和分析及傾向管理圖表的製作、劣化數據的記載等情況的記錄，如表 8-12 所示。

· 設備的狀態管理：為掌握設備四保持狀態(設備的四保持：保持設備的外觀整潔、保持設備的結構完整性、保持設備的性能和精度、保持設備的自動化程度)，進行有效考核設備。

· 失效記錄：掌握設備狀態，對其失效部份(因素)，除及時消除外，對存在的設備失效因素進行記錄；不能馬上消除時，要編制設備失效報告書，以征得有關部門的重視和作為報廢設備來解決。

維修實績記錄內容包括：

· 定(年)修等工程檢修管理實績記錄：定(年)修時間計劃、定(年)修項目計劃完成等計劃精度檢查情況；工程檢修實績：檢修工時利用，檢修作業情況、進度、檢修質量等實績記錄。

· 維修費用實績掌握：根據預算、資材耗用、工時耗用等情況，掌握維修費用(包括：大修理費用的實績)的實績，積累歷年維修費用資料，以供企業設備研討會分析之用。

· 設備維修、修理記錄：在維修作業中，根據生產操作日常點檢人員以及專職點檢人員的要求，由檢修人員提供檢查記錄和修理記錄，因此，及時與檢修系統的人員取得聯繫，並按要求記錄的內容，索取「維修記錄表」，整理並掌握其檢查記錄和修理記錄，以便完整設備技術檔案，積累維修實績數據。

(2)點檢實績的分析

定期分析檢查記錄內容，找出設備薄弱環節或難以維護部位，提出改進意見，是點檢實績分析的主要目的。

點檢管理的目的在於提高設備點檢管理的效率，通過點檢實績的分析來修正、改善點檢的目標。設備系統管理的實績分析，大體上可分為四個層次、等級來進行：

· 現場作業管理的細胞——專職點檢組的每週實績分析會。

· 作業區基層核心管理者——點檢作業長的每月實績分析會。

· 地區、分廠部門管理責任者——機動科長日實績分析會。

· 企業作業部門管理歸口——設備系統每月實績分析會。

（註：對中、小型企業，可以考慮減少層次，只要兩個層次：即基層一級和企業一級就可以了。）

①專職點檢組的每週分析。點檢組長應每週召開一次分析會，一般安排在作業區安全例會後，由專職點檢組長主持，專職點檢員全部參加，大約用 1.5h 的時間，簡要分析一下這一週的點檢重要情況，主要包括：

a.設備故障(事故)情況：原因分析及對策、教訓。

b.點檢(檢查)情況：管轄區設備狀態與走向分析、失效及對策。

c.檢修(日、定、年、爐等修理工程)情況：檢修項目、工時、效率、安全等情況分析。

d.點檢小組自主管理(PM)活動情況：項目數、數量、改善的成果分析等。

②點檢作業區的每月點檢實績分析。由作業區的點檢作業長主持，點檢組長和對口的設備技術人員參加。詳細分析這一個月的點檢作業管理實績情況，主要包括：內容除上述各項外，還應分析本作業區維修費用的使用實績情況，主要分析維修費用花費的項目；備件、資材使用的合理性；維修費用升高和降低的原因，為什麼有不合理的開支及其避免重覆發生的方法等，以達到提高點檢管理效率、減少故障次數和時間、降低維修費用的目的。

經點檢實績會的分析後，編制成作業區月實績資料，向地區(或分廠)維修部門作實績報告，構成了點檢管理的 P、D、C、A 閉路循環，也是作業區自身的 P、D、C、A 循環機能。即從點檢計劃、維修計劃、工程預算、費用預算到點檢實施、傾向檢查、施工配合、協調聯絡、故障管理，再對其效果的檢查、分析、考核、評價等。然後回到調整業務的計劃、修改設定標準、再訂出更高精度的計劃 P，形成了良性循環的閉路環，使點檢管理工作不斷前進和效率的不斷提高，才能達

到天天有實績,月月有分析,季季有改善,年年有創新和提高的結果。

③地區、分廠點檢、維修的實績分析。地區、分廠設備管理的實績分析,由地區設備主管主持,各分廠作業區的點檢作業長參加,特殊情況也可要求個別專職點檢組長參加。主要內容就是綜合各點檢作業區的實績數據,分析、借鑑個別的教訓和對策,平衡下個月的維修工程主要項目,降低維修費用和主作業線設備故障停機的措施,以及較大的改善維修項目研討等。在分析會後,整理的實績報告數據報企業設備管理部門。

④企業設備管理部門(維修管理部門)的實績分析。在地區、分廠點檢、維修實績分析的基礎上,由企業設備管理部門召開地區、分廠設備管理會議,每月一次,安排在月末,綜合分析企業設備管理實績,主要內容包括設備故障、主作業線設備停機、定修的效果、工程項目及維修費用等方面的實績分析,並形成企業的實績報告會數據,構成部門管理的 P、D、C、A 循環。

在分析會上,同時審定(季)月定、年修計劃,有關部門,如生產部門、材料供應部門均要派員參加。

點檢實績分析的內容包括:

a.點檢效果的分析。根據生產作業系統日常點檢和設備系統定期點檢實績的掌握,驗證點檢實施計劃表,定期(週期)管理表和設備劣化傾向管理表的正確性,預知點檢計劃表的精確度,分析預防維修所佔整體維修計劃的比重,使點檢的效率不斷提高。同時對不符合的部份,進行修改點檢標準和維修技術標準。

b.設備故障的分析。根據設備狀態、隱患、故障資訊的掌握,進行仔細研究,分析其現象及造成的原因以及發現的途徑和可能重覆故障問題點,針對性的提出必要的降低故障的對策,改善的措施和實行,達到杜絕重大事故的發生和重覆故障重演的目的。

　　c.定(年)修計劃實施的分析。根據實施的時間和計劃項目掌握，檢查定(年)修計劃的精確度，100%完成計劃項目，做到定(年)修項目不變更的管理目標。

　　d.維修費用分析。合理維修費用的預算，檢查預算的正確性，分析使用的合理性，達到既保證設備正常運轉，又要逐步減少維修費用的目的。

　　把握點檢實績是最重要的，因為他是實施分析的前提，也會給設備管理部門提供有用的資訊，沒有真實性的實績，會給管理者蒙上一層模糊的假像，因而會失去機會，甚至是決策錯誤。但是有了實績，如何來進行分析，分析方法也是至關重要的。

　　根據現代管理七種分析方法，適當的選擇進行分析。當然，也可以應用其他新七種分析方法。

- 排列圖法。排列圖法是尋找主要問題的方法。尋找主要矛盾，找出主要問題，排列圖法較為有用。如用排列圖找出故障的主要原因，以便採取對策。同樣，也可以作出故障停機時間排列圖或故障修理排列圖，找出故障停機時間主要問題和處理對策的主要問題。

- 傾向推移法。傾向推移法又稱傾向管理法，根據推移曲線進行前後分析對比，也可以在推移圖上找出存在問題點和經驗點，以採取相應對策，落實提高工作效率的步驟和方法。以定期時間為基礎，相應記載變化值，連成曲線表示在同等生產期中設備效率的升高和故障的下降。

- 直方圖法。將預先設定的計劃目標計劃數值，按比例記入到圖表裏，構成直立的方塊圖；同時在相應處，記入相同比例的實績值，這樣，計劃值與目標值相對比，可以看出計劃與實績的差距，證實計劃精度的高低，同時也與歷史實績進行對比，看

其計劃性如何,基本可以說明工作效率如何,效率在提高還是下降,找出存在的問題點,進行分析評價。

· 焦點法。焦點法是找出問題點、便於分析的好方法,簡單明瞭、問題突出、分析效果顯著。一般也可以用於設備故障分析之中。

根據上述分析,即可找出設備薄弱環節或難以維護部位,提出改進意見。

3.點檢處理

檢查中間出現的異常及時處理,恢復設備正常狀態,並將處理結果記錄。不能處理的要向上報告,傳達給負責部門處理。

專職點檢員在點檢檢查過程中發現的簡單問題,應及時記錄,能夠力所能及處理的要當場及時處理,如:鬆動零件的緊固,簡單定位的調整,有礙於保持設備性能的雜物,予以清除以及漏油處理等,並將處理結果認真、仔細地記入到點檢日誌中。

專職點檢員必須記住的原則是:有隱患、有故障的設備,不過夜。

即使有備用機組的,也當做他沒有備用設備來看待;必須保持設備的原來面貌,即使是在「應急時」,也不要拆東牆、補西牆;臨時的窮對付,更不能降低設備使用水準(如:把自動的改為手動,又將手動的變為不動)。

若專職點檢發現的設備問題,不需要馬上處理的,應將其列入計劃檢修項目,填寫在「計劃檢修項目預定表」中。

「計劃檢修項目預定表」是檢修項目的匯總,「計劃檢修項目預定表」的具體內容來源於定期(週期)管理項目、劣化傾向管理項目,生產、設備、安全部門提出的改善委託項目以及上一次檢修時,由於各種原因造成的沒有實施維修的遺留項目。

4.點檢改進

(1)點檢管理業務的改進

要致力於點檢管理業務的改進工作。因為點檢管理的穩定是相對的，而點檢管理的改進則是絕對的，要努力改進每一項點檢管理業務。

例如，點檢在認真組織實施和積累點檢經驗的基礎上，根據點檢檢查的實踐經驗，改進點檢檢查方法以及定期和重點點檢的部位；改進點檢工作路線，以有效利用點檢的時間；根據點檢實績和分析，改進對設備故障、異常的預知性，避免設備重覆故障的發生；按照點檢對設備傾向管理、解體精密點檢實績的分析，組織實施對設備薄弱環節的改進工作；定期性地改進維修標準，能夠使點檢實施的技能和點檢實踐的經驗，對維修標準進行合理的運用，提高對維修費用使用的合理性和經濟性。

(2)點檢改進的根本是設備故障的防範

由於設備故障的嚴重後果，造成了生產巨大的損失，同時使企業也付出了沉重的代價，其損失之巨大也是驚人的，而且越是現代化的企業其損失就越是巨大。造成設備故障的原因是錯綜複雜的、多變的，而對企業的生產、產品、效益方面造成的沉重負擔，則是一成不變的。

在發生設備故障的原因中，有時是某種特殊原因直接造成的，但更多的是由多方面原因互相作用的結果而造成的設備故障。因此，要使設備故障變為零的行動，原則上是要把潛在的缺陷、隱患暴露出來、查找出來，以採取必要防範措施，並認真組織實施對設備薄弱環節的改進工作。由此可見點檢及點檢改進的重要性。

企業生產中，造成設備故障的複合因素，如設備運行條件的不完善、不遵守使用規則、操作技能不熟練、無視設備劣化狀況以及設備先天不足等。所以，消除設備故障因素，防範設備故障的發生是「點

檢改進」的根本點所在。

(3) 開展點檢改進活動

首先是生產操作日常點檢的改進，要使生產操作員工，理解生產設備故障的危害性和造成損失的嚴重性，激發其日常點檢的責任感。生產操作人員，要根據自己操作的設備和日常點檢工作經驗，預知所操作設備機構、部位的薄弱環節，那些「點」最容易出現故障，做到心中有數，在日常點檢時，更要特別的關注它，同時要作好一旦發生故障後相應的對策，制訂出具體措施，並要指出改進這些易發故障「點」的建議。這些都應該列入自己的運行記錄或日常點檢記錄中去，並及時地向生產方的作業長和專職點檢員報告，提請專職點檢人員注意。

其次是專職點檢方的點檢改進——開展故障預知活動。通過專職點檢作業的實施及關鍵部位的重點點檢、精密點檢和劣化傾向、故障隱患管理，掌握易發故障部位和因果焦點，從而預排故障對策，制訂措施方案和實施改進的點檢計劃及工程進度的預安排，以減少故障發生，同時要使發生故障後的應急對策得以具體化，以致改進各種條件，力爭避免重覆故障的發生。「點檢改進」體現在可以通過使用各種設備故障點的診斷儀器，開展定期或不定期的精密點檢和點檢診斷或根據線上監測，提出預知維修項目，預防故障的發生。

再就是開展自主管理活動，推進設備技術革新和點檢技術改進活動。生產操作人員、設備點檢人員或維修技術人員，都可以自發地組織組成「自主管理活動小組」，進行點檢改進和設備技術革新和點檢技術改進的自主管理活動，把自己週圍的問題解決在自己手中，使群眾的積極性自覺地發揮出來，當家作主，在基層形成點檢改進和預防故障發生的網路。根據設備故障的分析，或是為了改進設備的運行條件，改進運行環境、設備結構等需要，開展以點檢員為中心的設備改

善活動或設備點檢的小改小革，都是點檢改進、組織實施對設備薄弱環節改進工作的有效措施。應該把每一次出現的設備故障特別是重點故障當作改進活動的契機，使設備薄弱環節的改進工作，越來越落實。

(4)針對設備薄弱環節的改進——改善維修

設備薄弱環節的改進工作，除了「點檢改進」以外，改善維修的方法也是其中很重要的一個方面。

改善維修也稱改良維修，它是實施設備薄弱環節的改進、實行預防維修體制的主要內容之一。為使設備在維修階段保持可靠性、維修性和經濟性，不但對設備的本體質量進行改良、開發改進，同時對保證性文件、管理標準、方法、手段等也要進行改進。

單單靠「預防」是一個方面，而不能預防加速的絕對劣化和加劇的老式化劣化，只有在預防維修的同時開展改善維修，，才能達到生產維修的目的，因此，其意義在於：

· 能保持設備性能穩定，精度不下降或延緩劣化。
· 減少因機件劣化而造成的損失。
· 及時消除設備失效因素。
· 盡可能地挖掘人、物、設備的潛力。

(5)點檢改進、設備薄弱環節改進工作的課題和方向
· 研討來自點檢、生產、檢修方面的故障報告、要點，並制訂改進的對策方案，參與實施。
· 參與解決設備故障項目研討，推進改進故障的計劃，制訂設備薄弱環節改進方案及設計。
· 改進設備維修標準，完善修改通用維修技術標準，包括：油脂使用標準、電氣維護標準、試驗標準、以及法定檢查標準等。
· 設備圖紙的完整和修改，設備故障資訊的收集、分析、研討。
· 隨時掌握設備狀態情況，參加設備故障、事故的處理。

・ 參與設備更新、報廢的預測和研討，並參加設備定期檢查。

(6)點檢改進、設備薄弱環節改進的要點和部位

・ 設備上不能點檢或實施點檢有困難的部位、內容。

・ 設備上極易損壞或壽命明顯短暫的機件。

・ 易發生故障或易發生重覆故障的部位。

・ 修復困難或不能修理的設備。

・ 設備設計欠考慮，設備生命週期中先天不足，以至不能達標的設備。

・ 部份零件、配件的不良而影響整機的設備。

・ 有助於改進生產、安全、環境保護的設備和措施。

(7)點檢實施的規範化作業——專職點檢一天的工作

專職點檢人員實施點檢作業的規範化、標準化，其一天「正常的實施點檢作業」的內容如圖 8-1 所示。專職點檢員一天正常的工作時間表，作如下規範(專職點檢員是不倒班的，屬於常白班，一般而言，8：30～17：00 為工作時間)。

①上班前：點檢作業長會提前半個小時到現場(作業區的專職點檢員，也會在上班前到達辦公室)，更換了作業服後，立即會去做幾件事：

・ 掌握資訊：瞭解生產和設備的情況，查看上一班的「設備運行日誌」、昨晚的夜班設備運轉狀態資訊「搶修班日誌」、「故障記錄表」以及生產的「運行日誌」，點檢作業長在查閱生產、運行作業日誌後，必須簽名。

・ 作業長聯絡日誌：瞭解生產操作的日常點檢及其它點檢工種的動態和檢修的記錄等。

・ 今天的生產作業計劃、設備開動計劃，其他的運行情況，如：停電、待料、參觀、活動等。

圖 8-1　專職點檢一天的規範化作業

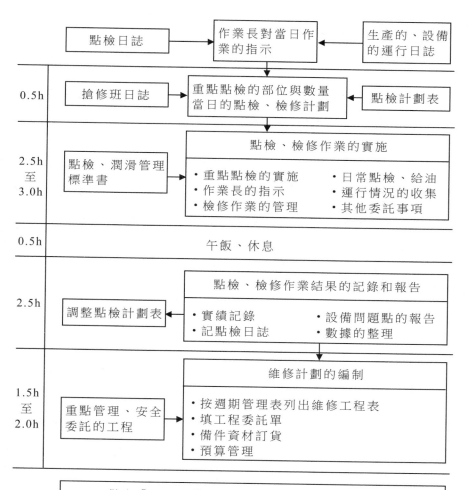

②早會：0.5h（半個小時），主要內容為：

· 由點檢作業長或組長傳達上級指令及作業區設備情況，佈置好當天工作重點，做到資訊及時上通下達。

· 召開安全例會，佈置當日點檢作業的「危險預知」以及注意事項。

· 今日點檢工作安排：根據點檢計劃表，提出當日重點點檢部位以及當日檢修工作的分工等。

③點檢的實施：2.5～3.0h（兩個半小時至三個小時）

設備系統的所有專職點檢員，每天上午 9：00～11：30 分，必須按點檢計劃的檢查內容，攜帶規定的點檢工器具進行現場點檢（搶修、處理故障等除外），每個專職點檢員每天必須保證 2.5h 的點檢工作負荷，並對下午點檢工作時間合理安排。

專職點檢員進行定期點檢時，必須攜帶的點檢工器具標準，詳見相關內容。

專職點檢員實施點檢時，必須做到「二穿二戴」（穿工作服和工作鞋、戴安全帽和防護鏡），精神飽滿，做到行為舉止規範化，樹立專職點檢員的良好形象。

按點檢線路圖進行點檢作業，具體內容分為以下幾種：

· 按照「點檢檢查計劃表」的點檢項目內容，進行點檢。

· 根據「定期（週期）管理表」的項目，安排在日、定（年）修中檢查。

· 根據「傾向、精密點檢管理表」的項目，安排在設備運行或停機時檢查。

· 對經常出現故障的部位，進行跟蹤檢查。

· 對生產操作、運行方日常點檢發現問題的部位，進行診斷檢查。

· 對前一天或昨天晚上檢修、搶修過的部位，作重點檢查。

‧ 對點檢實施過程中，發現的設備出現的小問題，力所能及地進行及時的處理。

如遇到上午有檢修項目，則進行檢修工程的管理，要提前對「點檢計劃」適當地進行調整。

④午飯、休息：0.5h（半個小時）。正常情況會到企業指定的食堂去用餐，特殊情況也可將盒飯配送到現場，以節省時間。

⑤點檢「實施管理」的時間：2.5h（兩個半小時）。點檢員對在上午實施點檢中，發現比較嚴重的設備問題，會同點檢組長、點檢作業長及有關設備技術人員進行研究，迅速制訂合理的處理隱患的方案。同時進行「點檢台賬」的管理，包括：

‧ 點檢使用賬、表的管理。

‧ 檢修計劃的編制。

‧ 維修備件、資材的管理。

‧ 設備改進、改善方案的研討。

‧ 檢查、確認當日施工委託項目的完成情況。

‧ 對第二天要施工、委託項目的現場說明及調整。

‧ 填寫點檢作業日誌。

‧ 有必要向上級報告的事項。

⑥維修計劃的編制及工程委託：1.5～2.0h（一個半小時至兩個小時）

‧ 編制中、長期維修計劃、日修、定修（年修）計劃。

‧ 近期檢修項目用的維修資材計劃，核對更換件、查對庫存、準備維修材料的領料單。

‧ 維修費用計劃的平衡及調整。

‧ 定期（週期）管理表、日常點檢計劃的修訂，維修技術標準的核對、覆查。

‧ 設備的傾向管理、解體精密點檢的檢查結果，數據分析、整理記錄、填寫歸檔。

‧ 填寫工程問題單。

‧ 工程項目的維修資材的訂貨、到貨檢驗等。

‧ 電腦檔案整理工作。

(8)交接班制

機器設備為多班制生產時，必須執行設備交接班制度。交班人在下班前除完成日常維護作業外，必須將本班設備運轉情況、運行中發現的問題、故障維修情況等詳細記錄在「交接班記錄簿」上，並應主動向接班人介紹設備運行情況，雙方共同查看，交接班完畢後在記錄簿上簽字。如是連續生產的設備或加工時不允許停機的設備，可在運行中完成交接班手續。

如操作工人不能當面交接生產設備，交班人可在做好了日常維護工作，將操縱手柄置於安全位置，並將運行情況及發現問題詳細記錄後，交代班組長簽字代接。

接班工人如發現設備有異常現象，交接班記錄不清，情況不明和設備未清掃時，可以拒絕接班。如交接不清，設備在接班後發生問題，由接班人負責。

企業在用生產設備均須設「交接班記錄本」，並應保持清潔、完整，不得撕毀、塗改或遺失，用完後向廠房交舊換新。設備維修組應隨時查看交接班記錄，從中分析設備技術狀態，為狀態管理和維修提供資訊。設備交接班記錄本的格式如表 8-13 所示。

表 8-13 設備交接班記錄本

××××廠交接班記錄表

設備編號: 型號: 名稱: 規格:

班組: 操作人:

項目		A班	B班	C班
設備清掃及潤滑				
設備各部情況	傳動機構異常			
	零件缺損			
	安全裝置			
設備各部情況	摩損(新痕)			
	電器及其他			
	開車檢查			
圖樣、技術、材料、質量等問題				
故障、事故處理情況				
台時記錄		實開 / 故障停開	實開 / 故障停開	實開 / 故障停開
A班	交班人		接班人	
B班	交班人		接班人	
C班	交班人		接班人	

　　維修組內也應設「交接班記錄本」(或「值班維護記錄本」),記錄當班設備故障檢查、維修情況,為下一班人員提供維護資訊。

　　設備管理部門和使用單位負責人員要隨時抽查交接班制度執行

情況，並作為廠房勞動競賽、現場評比考核的內容之一。

對於一班制的主要生產設備，雖不進行交接班手續。但也應在設備發生異常時填寫運行記錄並記載設備故障情況，特別是對重點設備必須記載運行情況，以掌握技術狀態資訊，為檢修提供依據。

隨著資訊技術的進步，電腦終端進入生產廠房，企業可以將設備交接班記錄、運行維護記錄轉化為電子文件形式錄入到資訊系統，交接班通過電子簽名方式確認。

4 設備維護的「三級保養制」

所謂設備的維護主要是指為維持設備的額定狀態，所採取的清洗、潤滑、調整和封存等措施。維護工作內容大致包括：查看、檢查、調整、潤滑、拆洗和修換等項現場管理維護工作。在設備使用過程中，由於運動零件的摩擦、磨損使設備產生技術狀態變化，需要經常進行檢查、調整和處理等一系列工作。對設備進行維護管理是設備自身運動的客觀要求，也是保持設備處於完好的技術狀態，延長設備使用壽命所必須進行的日常工作。

1. 設備的維護保養制度

設備維護保養工作的各項工作名稱、內容、工作要求和範圍的劃分，各部門、各行業目前不盡一致。設備維護工作按時間可分為日常維護和定期維護；按維修方式可分為一般維護、區域維護和重點設備維護。

「三級保養制」是逐漸完善而形成的以操作者為主，對設備進行

以保為主，保修並重的強制性維修制度。後來發展推廣的全面生產維護管理模式中的員工自主維護，很多理念和方法也和「三級保養制」的主體要求相一致。「三級保養制」的內容包括：

(1)設備的日常維護(簡稱日保)

日常維護的很多工作可以作為標準的維護計劃管理，在設備資產管理資訊系統中加以應用。

日常維護保養由操作工人負責進行，其中專業性強的工作則可由專職維修人員負責(很多企業配備有專門的設備潤滑人員)，內容包括每日維護和週末清掃。每日維護，要求操作工人在每班生產中必須做到，班前對設備的潤滑系統、傳動機構、操縱系統、滑動面等進行檢查，然後再開動設備；班中要嚴格按操作規程使用設備，注意觀察設備運行時發出的聲響、異味、溫度、壓力、油位及安全裝置的情況，異常時應及時進行處理或報告專職維修人員；下班前要認真清掃設備，清除鐵屑，擦拭清潔，在滑動面上塗上油層，並將設備狀況記錄在交接班記錄本上。週末維護主要是要求每週末或節假日前要對設備進行徹底清掃、擦拭，按照「整齊、清潔、潤滑、安全」四項要求進行維護。

日常維護中的維護週期應制度化，一般每班要進行一次，薄弱部位則需要多次檢查維護。同時，維護效果要由維護工人和設備管理部門的負責人員分別進行檢查評分，並公佈檢查評分結果。每月評獎一次，年底總評一次，成績突出者給予獎勵，以激起操作工人維護設備的積極性，使日常維護工作做到經常化、制度化。

(2)設備的定期維護(簡稱一保)

設備的定期維護(一級保養)是以定期檢查為主、輔助以維護性檢修的一種間接預防性維修形式，其目的是清除設備使用過程中由於零件磨損和維護保養不良所造成的局部損傷，減少設備有形磨損，調整

或更換配合零件，消除隱患，恢復設備的工作能力及技術狀態，為完成生產任務提供保障。

　　維護計劃一般由設備管理部門以計劃形式下達執行，在維修工人輔導下，由設備操作工人按照下達的定期維護計劃對設備進行局部或重點部位拆卸和檢查，徹底清洗內部和外表，疏通油路，清洗或更換油氈、油線、濾油器，調整各部配合間隙，緊固各個部位。電器部份的維修工作由維修電工負責。

　　定期維護完成後應對調整、修理及更換的零件、部件作出記錄，同時將發現後尚未解決的問題記錄，為日後的項修及大修提供依據。由維護人員填寫設備維修卡記錄維護情況，並註明存在的主要問題和要求，交維修組長及生產工長驗收，機械師提出處理意見，反饋至設備管理部門進行處理。

　　定期維護的時機應安排在生產間際中進行，在不影響項修及大修的前提下，也可安排在停產檢修日進行。維護的週期是根據設備的結構、生產環境及生產條件、維護保養水準等不同條件綜合加以確定。例如固定式空壓機一般每三個月進行一次定期維護，而工作環境及生產條件相對較差的移動式空壓機則需每月進行一次；直徑 2m 以下的提升機定期維護週期為 3～6 個月，直徑 2.5m 以上的提升機則為 6～12 月。

　　設備定期維護間隔期一般為：兩班制生產的設備每三個月進行一次，乾磨多塵的設備每一個月進行一次。參照預估週期，再結合設備自身生產條件和日常的維護保養水準，確定較準確的維護週期。對精密、重型、稀有設備的維護要求和內容應作專門研究，一般是由專業維修工人進行定期清洗及調整。

　　設備定期維護的主要內容包括：

　　‧ 拆卸指定的部件、箱蓋及防護罩等，徹底清洗，擦拭設備內外。

· 檢查、調整各部配合間隙,緊固鬆動部位,更換個別易損件。
· 疏通油路,增添油量,清洗濾油器、油氈、油線、油標,更換冷卻液和清洗冷卻液箱。
· 清洗導軌及滑動面,清除毛刺及劃傷。
· 清掃、檢查、調整電器線路及裝置(由維修電工負責)。

(3)二級保養(簡稱二保)

設備的二級保養是設備磨損的一種補償形式,它是以維持設備的技術狀況為主的檢修形式。它的內容包括：

· 除完成一級保養所需進行的工作外,要求潤滑部位全部清洗,並按油質狀況更換或添加。
· 檢查、測定設備的主要精度和相關參數(例如振動、溫度等)。
· 修復或更換易損件或必要的標準件。
· 刮研磨損的導軌面和修復、調整精度劣化部位。
· 校驗儀錶。
· 清洗或更換電機軸承、測量絕緣電阻。
· 預檢關鍵件及加工週期長的零件等。

二級保養完成後,要求設備精度、性能達到技術要求,相關參數符合標準,並且消除洩漏。對於個別精度、性能要求不能恢復,以及該更換的零件無法修復但不影響設備的使用和產品技術要求的問題,允許將問題記錄,便於進一步採取針對性措施排除。二級保養記錄應及時、認真。二保工作以專業維修人員為主,操作工人參與和配合。

設備的日常維護、一保、二保工作的保養人和工作要點整理對比如表 8-14 所示。

表 8-14　設備「三級保養制」工作要點

級別 內容	日常維護	一級保養	二級保養
保養人	操作工人	操作工人（主）、維修工人（輔）	維修工人（主）、操作工人（輔）
工作要點	班前檢查、加油潤滑、隨手清潔、處理異常、班後維護、真實記錄、堅持不懈、週末養護	定期計劃、重點拆解、清洗檢查、擦拭潤滑、間隙調整、緊固重定、行為規範、記錄檢查	定期計劃、系統檢查、校驗儀錶、全部潤滑、修復缺陷、調整精度、損件更換、恢復公差、消除洩漏、認真記錄、制訂對策、標準驗查

2.設備的區域維護

　　設備的區域維護是一種在行之有效的維修體制，又稱為維修工包機制。它是企業按照生產區域設備擁有量或設備類型劃分成若干區域，維修工人有明確分工並與操作工人密切配合，負責督促、指導所轄區域內的設備操作者正確操作、合理使用、精心維護設備；進行巡迴檢查，掌握設備運行情況，並承擔一定的設備維修工作；負責區域內設備完好率、故障停機率等考核指標落實。區域維護是加強設備維修管理進一步為生產服務，激起維修工人積極性的一種崗位責任制。

　　維護區域可按主要生產設備的分佈情況和生產需要，按設備的技術狀況和複雜程度進行劃分。對於流水線上的設備，亦可按整條線劃分。區域維護的人員組成應按技術素質高低進行合理組合，每一區域內均應配備一定數量的電工和維修鉗工，並由一名負責人負責組織、協調工作。

　　區域維護的工作內容是：

(1)每日值班維修工人對負責區域內的設備主動巡迴檢查,發現故障和隱患及時排除,做好記錄。不能及時排除的應立即通知組長和機械員,進行有計劃的日常維修。

(2)監督操作工人正確、合理使用設備,指導督促搞好設備的日常維護和定期維護,並在每班開始及結束時,查看所轄區內設備的點檢卡、交接班運行記錄,及時處理存在的問題。

(3)參加廠房內週末設備維護檢查,按評分標準給負責區內的設備評定分數並做記錄。

(4)按照計劃定期檢查設備外觀、潤滑系統、設備主要精度、設備技術狀態等,對設備進行調整和更換易損件,同時填寫「定期性能檢查卡」,做好設備動態管理。

(5)及時處理突發故障和修理損壞設備。

(6)做好設備的防漏、治漏工作。保持設備完好狀態。

區域維修承包後,並不意味著區域間工作的完全隔絕。很多企業按不同區域劃分進行維修承包後,由於管理機制問題,常常會導致區域間人員工作相互不能有效支援,結果導致有時候一些區域工作量不足,人浮於事;有時候忙於搶修,人手不足。

3.重點設備的維護

精密、大型、稀有、關鍵設備以及企業自己劃分的重點設備都是企業生產極為重要的物質技術基礎,是保證實現企業經營方針目標的重點設備。因此,對這些設備的使用維護

除執行上述各項要求外,還應嚴格執行下述特殊要求:

(1)實行定使用人員、定檢修人員、定專用操作維護規程、定維修方式和備配件的「四定」做法。

(2)必須嚴格按說明書安裝設備。每半年檢查、調整一次安裝水準和精度,並作出詳細記錄,存檔備查。

(3)對環境有特殊要求(恒溫、恒濕、防振、防塵)的精密設備,企業要採取相應措施,確保設備的精度、性能不受影響。

(4)精密、稀有、關鍵設備在日常維護中一般不要拆卸零件,特別是光學部件。必須拆卸時,應由專門的修理工人進行。設備在運行中如發現異常現象,要立即停車,不允許帶病運轉。

(5)嚴格按照設備使用說明書規定的加工範圍進行操作,不允許超規格、超重量、超負荷、超壓力使用設備。精密設備只允許按直接用途進行精加工,加工餘量要合理,加工鑄件、毛坯面時要預先噴砂或塗漆。

(6)設備的潤滑油料、擦拭材料和清洗劑要嚴格按照說明書的規定使用,不得隨便代用。潤滑油料必須化驗合格,在加入油箱前必須過濾。

(7)精密、稀有設備在非工作時間要加防護罩。如果長時間停歇,要定期進行擦拭、潤滑及空運轉。

(8)設備的附件和專用工具應有專用櫃架擱置,要保持清潔,防止銹蝕和碰傷,不得外借或作其他用途。

5 設備檢查與維護具體實例

1. 設備開車前的檢查

開車前的檢查可按下列順序進行。

⑴設備上電器額定電壓是否與工廠電源電壓值相同。

⑵各按鈕、操作手柄、手輪和電器線路有無損壞，是否有手動、半自動和自動操作控制。各開關手柄都應在「斷」的位置。

⑶安全門左右滑動是否靈活，與限位開關接觸如何，是否準確可靠。

⑷冷卻水管路是否通暢、有無滲漏現象。

⑸查看油箱內液壓油面是否在液面指標高度內。

⑹潤滑系統管路是否通暢，同時把潤滑油注入各潤滑點。

⑺檢測模板上定位孔尺寸是否與說明書相符。

⑻電器裝置和設備應有接地裝置，並標有保護接地符號。

⑼電器絕緣應能承受 1500V、50Hz 交流正弦波，經 1 分鐘試驗而無擊穿或閃絡現象。

⑽電器裝置中不接地電器的絕緣電阻不得低於 1MΩ。

⑾檢測電加熱系統是否安全可靠，與機筒接觸應嚴密。

⑿檢測螺桿與機筒的實際裝配間隙，必要時可拆出螺杆，檢測螺杆外徑與機筒內徑的實際尺寸。螺杆與機筒的裝配間隙，應符合規定。

2. 空運轉的運行檢查

⑴清除設備四週一切雜物、檢查各緊固螺帽是否擰緊、安全罩是否牢固可靠，準備試車。

⑵接通主開關，把操作方式調至點動或手動位置。

⑶點動液壓油泵開關，查看油泵旋轉方向是否正確，如正確可正式啟動油泵電機，同時打開冷卻水管路，對液壓油進行冷卻。

⑷油泵運轉正常後，調節溢流閥，查看油壓錶升壓情況，調至工作需要壓力。

⑸關閉安全門，手動操作合模、開模試驗幾次。檢查安全門工作作用是否可靠，指示燈是否能及時亮熄。液壓系統的各控制閥是否動作敏捷，正確工作。當系統油壓為額定值的 25%時，各運動部件不應有爬行、卡死和明顯的衝擊現象產生。

⑹檢測移動模板與固定模板的兩工作面平行度，應符合規定。

⑺轉換開關把操作方式轉至調整位置，查看各動作反應是否靈活正常工作。

⑻調節時間繼電器和限位開關，檢查動作是否靈敏、準確。

⑼操作方式改為半自動控制，再進行開關安全門操作，檢查設備運轉工作情況。

⑽操作方式改為自動控制，檢查運轉工作是否正常。

⑾查看液壓系統洩漏情況，管路的滲漏處應符合規定。

⑿檢測液壓油溫度，最高不應超過 60T。

⒀注塑機的工作雜訊，如果認為有必要測試時，雜訊值 dB(A)不應超過規定值。

⒁試驗緊急停車裝置動作是否準確可靠。

⒂檢測試驗液壓系統的油量不足報警、油溫過高報警、潤滑油不足報警裝置，是否能及時準確報警。

3.停車檢查

投料試車，經 4 小時生產，一切正常後，應停車檢查主要零件磨損情況。其順序如下：

(1)改變操作方式，由半自動控制調整至手動控制。

(2)停止料斗供料。

(3)注射座退回，噴嘴離開模具襯套口。

(4)模具處於開模狀態。

(5)調整螺杆轉速慢轉。對空注射一預塑反覆幾次，直至噴嘴無熔料流延為止。對不同注射原料機筒的清理方法，參照相關方法進行。

(6)切斷冷卻水，主電機電源。

(7)拆卸螺杆、機筒和噴嘴。拆下各零件後，要趁熱用銅質刷、刀和鏟清理零件上的粘料。同時，也要清理模具中殘料。

(8)檢查機筒、螺杆的各工作表面，有無磨損情況，有無劃傷溝痕和摩擦現象發生，如發現有磨損部位或劃傷溝痕，應查清、分析出現問題的原因；很可能是設備的零件製造精度或安裝精度質量問題，零件熱處理表面硬度沒有達到要求。此種情況應及時與製造廠交涉。

(9)如各部位清理後，一切正常時，各零件應塗防護油。螺杆包好後，吊放在安全通風處。

心得欄

----

6 計劃預防修理制的執行

計劃保養修理制（簡稱計劃保修制），是有計劃地對設備進行一定類別的保養和修理的一種維修制度，一般由三級保養和大修理組成。

計劃保修明確規定了各種維護保養和大修理的週期、內容和要求。到了計劃規定期限，就必須按規定進行強制保養（包括日保、一保和二保）並按計劃進行檢查和大修。

計劃保修制能較好地貫徹「以防為主、保修並重和專群結合」的原則，並通過一定的制度將操作人員和維修人員結合到一起，有側重、有分工，共同保證設備的完好狀態，但強制保養和計劃大修的執行，必然造成某些設備或某些部位的維修不足或維修過剩，故此，還有待進一步完善和提高。

1. 定義

計劃預防修理制（簡稱計劃預修制），是以設備故障理論和磨損規律為依據，對設備有計劃地進行預防性的維護、檢查和修理的一種維修制度。計劃預修的內容包括日常維護、定期清洗及換油、定期檢查和計劃修理。

2. 計劃修理

計劃修理按照對設備性能的恢復程度，可分為大修、中修和小修三種，其工作內容如表 8-15 所示。

表 8-15　計劃修理的分類

項目	大修理	中修理	小修理
拆卸分解程序	機床全部拆卸分解	拆卸分解需要修理的部位	部份拆檢零件
更換與修復程度	修理基準件,更換或修復主要大型零件及所有不符合要求的零件	修理主要零件、基準件、更換或修復部份不能使用至下次修理時間的零件	清理積屑,調整零件間隙與相對位置,更換不能使用至下次修理時間的零件
導軌刮削程度	全部刨削、磨削或刮削	刮削、磨削導軌的 30%～40%	局部修理或填補劃痕
精度要求	恢復原有精度,達到出廠標準或精度檢驗標準	主要精度達到技術要求,個別精度難以恢復時,延至下次大修中解決	對工件進行加工試驗,達到技術要求
噴漆要求	全部內外打光,刮膩子、噴漆	噴漆或補漆	不進行
工作量比率	100%	約 56%	約 18%

3.計劃修理的方法

計劃修理的方法一般有標準修理、定期修理和檢查後修理等三種。

(1)標準修理

根據零件的磨損規律和使用壽命,事先規定設備的修理日期、類別、內容和工作量,屆時不管設備的實際技術狀況如何,都必須嚴格按照計劃規定進行修理。標準修理一般僅適用於必須保證安全運行的關鍵設備或生產自動線設備。

⑵定期修理

根據設備的實際使用情況,並參照有關檢修定額標準,預先訂出大致的修理日期、類別和內容,屆時再根據修理前檢查的結果,具體確定修理時間、項目和工作量。定期修理有利於降低修理費用,提高修理質量,應用比較普遍。

⑶檢查後修理

根據零件的磨損資料,制定設備檢查計劃,預先規定檢查的次數和日期,屆時再根據檢查結果編制修理計劃,具體確定修理時間、類別和修理工作量等。

7 設備的維護內容

設備的維護是指為防止設備性能退化或降低產品失效的概率,按事前規定的計劃或相應技術條件的規定進行的維修,也可稱為預防性維修。維護與修理是有區別的。修理是指產生失效或出現故障後,為使產品恢復到能完成規定功能而進行的維修。

1. 設備維護的原則

為了將設備維護管理納入企業經營管理的軌道,提高設備的綜合效率,設備主管在維護中要注意一系列的原則要求,並強調維護的有效性。

⑴預防為主、保修並重

設備維護要以預防為主。主要是做好經常性的維護保養工作,以及有計劃地組織檢查修理工作,及時恢復設備效能,消除隱患,防止

突發性故障的發生。維護和檢查、修理都是預防性的，兩者相輔相成，不可偏廢。企業可因地、因時而且有側重地安排維護和檢修工作。比如對於一般精度的新設備或修理難度不大而本企業中同類型數量較多的設備，宜以維護為主，修理為輔；對於精密設備或接近檢修期的設備，可以保修並重，突出檢修。

(2)維護為生產經營服務

維護的目的就是為了保證生產的需要，但維護又需要佔用一定的時間、資金、勞力和設備，兩者實際上是對立統一、相互依存的關係。企業在安排生產計劃時，必須同時安排好設備維護計劃。要從有利於保證產品的產量、質量、成本、交貨期和安全生產的角度出發，正確處理生產與維護的關係。如果片面強調當前的生產任務而忽視設備的維護，甚至擠掉維護，使設備長期失修，就會加速磨損和劣化，降低產品質量和產量，延誤交貨期，加大壽命週期費用，甚至造成事故，給生產經營帶來更大的損失。

為了處理好生產與維護的關係，設備主管要主動與計劃部門、使用部門密切配合。要根據本企業生產上的特點和經營上的需要，確定維護方向和維護策略，靈活地採取各種維護方式和手段，努力縮短維護時間，保證維護質量，降低維護費用，提高維護效率，當好生產經營的配角。

(3)專群結合

設備維護需要有一支相對穩定的專業隊伍，同時要通過橫向聯繫，建立外協維護網點，這是主要的維護力量。但是，現代化企業中的設備往往數量　多，型號繁多，結構繁雜，性能多樣，分布面廣，單靠少數企業維護人員是難以有效地搞好全局性的維護工作的。現代設備的預防維修是以點檢制為核心的，而點檢制又必須建立在廣泛的群　基礎上。因此，要以專業維護隊伍為骨幹，組織並指導廣大操作

工正確使用和精心維護設備,參加保修活動,使他們自覺遵守操作規程和保修制度,及時提供資訊,支援、配合專業維護隊的工作。此外,還可通過「區域維護責任制」或「設備聯保制」等形式將操作工人與維護工結合起來,一起保證設備的正常運轉,做好維護。

(4)維護與改造結合

傳統的設備維護是保持或恢復設備技術性能、延長使用壽命、補償設備的物質磨損,而不能補償設備的技術磨損。這種維護既不能改變技術性能落後的狀況,也不能從根本上消除薄弱環節,難以控制維護費用和故障損失。現代設備維護強調要在滿足生產需要的同時,提高維護的綜合效率。它在日常點檢和故障統計分析的基礎上,針對設備的先天性缺陷,結合進行設備的改造(含改裝)。設備的改造是指對原有設備的結構做局部改革,以改善性能,提高精度和生產效率。改造的內容一般有:提高工作精度;增加功率;改善冷卻、潤滑;提高強度、剛度和耐磨性;擴大工作範圍;提高機械化、自動化、電腦化程度等。這樣就使設備的功能、效率和壽命在數量上有所延伸,在質量上有所擴展和更新。結合設備大修或項修進行改造及改裝,能為擴大產量、減少消耗、提高產品質量、降低製造成本、保證安全生產和消除三廢污染等,提供更先進合理的物質技術保證。這是不斷擴大生產能力,提高企業技術水準和經營效果的重要途徑。

2.設備維護的內容

設備維護的內容主要是嚴格遵照操作規程及使用要求操縱及使用設備;經常注意設備的運行狀況;按規定定期進行必要的清掃、潤滑、緊固、調整、防腐等維護作業。一般多將上述工作歸納為「清潔、潤滑、緊固、調整、防腐」十字作業。

(1)預防性維修的內容

預防性維修即維護,它的任務一般由操作人員來承擔。在正常工

作中，操作人員應進行下列檢查：

①機械能否確保完成工作定額，達到技術性能的要求？

②機械能否達到質量要求？

③在操作或運行中設備是否正常可靠？機械、傳動機構是否有潛在的不安全因素？

④設備運行中是否有漏油、雜訊、振動、溫度升高、冒煙、氣味等異常現象？

⑤有無降低設備壽命等隱患？

通過操作人員的注意和檢查，可以及時發現並消除隱患，防止機械發生故障而引起突發性事故。針對檢查中發現的問題，提出修理或改進意見。

(2)維護工作的重點

維護工作的重點是傳動機構的易損件，如可動零件(離合器、齒輪、制動裝置的摩擦片等)的磨損；設備運轉中由於振動而使緊固件上的螺栓和螺帽鬆動；轉軸上的鍵；各種潤滑系統等。

(3)日常維護工作

日常維護工作包括：

①調整。對機械上局部零件進行小的調整，如齒輪的嚙合間隙、軸和軸承的配合等。

②保養。加潤滑油、清理切屑、擦洗油垢、更換易損件等。

③運行維修。不影響或對設備影響很小的運行時的修理，如輸電線路的帶電作業、不停爐修補、安全規程許可的不停機檢修等。

④定期檢修。有計劃的定期停工檢修，包括小修、中修和大修。這些檢修包括檢查和修理，一般都需要停機。

⑤臨時停工檢修。計劃外的意外停工修理，大部份是在設備發生突發性故障或意外事故後不得不停工的檢修。

3.設備維護的級別

設備的維護也叫保養。設備維護的級別是按維護工作的深度、廣度和工作量來劃分的。目前較多的企業是實行「三級保養制」,即日常維護保養、一級保養和二級保養。三級保養的區別見表 8-16。

表 8-16　設備維護的級別

保養級別	保養時間	保養內容	保養人員
日常維護保養	每天例行保養	班前班後認真檢查。擦拭設備各個部件和注油,發生故障及時予以排除,並做好交接班記錄	操作工人進行
一級保養	設備累計運轉 500 小時可進行一次,保養停機時間約 8 小時	對設備進行局部解體,清洗檢查及定期維護	操作工人為主,維修工人輔助
二級保養(相當於小修)	設備累計運轉 2500 小時可進行一次,停修時間約為 32 小時	對設備進行部份解體、檢查和局部修理、全面清洗	維修工人為主,操作工人參加

在不同的行業中,保養作業的範圍、內容、名稱、類別等有很大差異。比如石油工業和內燃機類及泵站設備,多執行四級保養制,即分為日保、一保、二保和三保。冶金企業中高爐、平爐及化工企業中的生產設備,一般不規定保養的等級。企業可根據自己的行業特點和生產需要,具體確定維護保養的類別和作業內容。對於某些特殊設備(如重型、高精,專用及動力、起重設備等),要有特殊的維護措施,如恒溫、恒濕、防震、防塵和特殊的使用要求。

4.設備維護的重點

設備維護的主要目的是使設備經常保持整齊、清潔、潤滑、安全,

以保證設備的使用性能和延長修理間隔期，而不是恢復設備的精度，其重點是潤滑、防腐與防洩漏。

(1)潤滑管理

設備的潤滑管理，認真執行潤滑「五定」（定點、定質、定量、定期、定人），能有效地減少摩擦阻力和磨損，保護金屬表面，使之不銹蝕、不損傷。這是保證設備正常運轉、延長使用壽命、提高設備效率和工作精度的必要措施。

(2)防洩漏

防洩漏也是維修保養工作的重要內容之一。認真治理和防止設備的跑風、冒氣、滴水、漏油，是一切設備管理的共同要求。

(3)防腐蝕

設備的腐蝕會引起效率和使用壽命的降低，影響安全運行，甚至會造成設備事故。特別是石化行業的生產裝置，防腐、防洩漏更加重要。

心得欄

第 九 章

機器設備的維修保養（三）
主動維修計劃

1 制定設備維修計劃

　　維修管理最重要的問題之一，就是編制設備維修計劃和對整個作業計劃進行控制。設備維修計劃是企業生產經營計劃的重要組成部份，與企業編制生產、物料供應、財務等計劃密切相關。

　　設備維修計劃包括維修作業計劃和作業進度計劃兩部份，維修作業計劃主要側重於任務安排，而作業進度計劃的目的在於落實某具體維修工作的日程進度。按計劃時間長短，維修計劃可分為年度、季、月和週維修計劃；按作業類別，可分為設備大修計劃，設備中修（項修）計劃，設備小修計劃、設備預防性檢查計劃、定期的設備精度檢查、調整與保養計劃等。

1.設備維修計劃編制依據

設備維修計劃要根據設備的技術狀況、運行週期、生產計劃、市場銷售、技術改造、安全環保等加以綜合平衡，安排制訂檢修的內容、時間、開停工週期等。

(1)各類設備維修規程和設備檢(維)修手冊的要求

頒佈的各種特殊設備安全監察制度、規程等，如鍋爐、壓力容器、起重設備、電氣設備、電梯設備等。各部門針對與安全、環保、生命等關係密切的設備，制定了一系列制度法規，其中涉及特種設備的定期檢驗，設備改造和檢(維)修，缺陷的修復，實驗和調整等。在制訂設備維修計劃時，應將有關內容列入計劃。

(2)設備維修的歷史資料

如歷次檢修的常規內容，易磨損和腐蝕部位，易變形部位等內容均是在停工檢修中需要進行檢查、檢修的工作。應該備齊所需的材料、零件、維修工具。

(3)技術設備在日常維護、定期檢查、狀態監測發現的故障和問題

在日常檢查和狀態監測中發現設備的故障，如果能及時進行維修，或在機器運行的停機間隔中進行處理，可以消除故障。如果不能及時處理，設備尚可繼續運行，將故障問題記錄在案，在做檢修計劃時，則列入計劃項目。

設備在生產長期運行中，由於精度下降、內部損壞、堵塞等原因，致使生產技術指標不正常，一定程度上影響能源消耗、原材料消耗、產品質量。需要找出故障原因，制定處理措施，列入檢修計劃。

(4)安全環保要求

在生產過程中，可能發現設備及其附屬管道等存在某些影響安全或環境保護的問題，可根據安全或環境保護部門提出的項目安排在檢

修計劃當中。

(5)生產計劃安排

根據企業生產計劃安排，注意充分利用生產淡季安排維修計劃。

(6)生產技術和設備技術改造項目

利用生產系統和裝置的停工大修的時機，同時進行生產技術改造項目、設備的技術改造項目和設備更新項目等。這些項目應當一齊列入停工大修計劃。

2.維修計劃的編制工作過程

維修計劃編制工作過程主要分為以下幾步，如圖 9-1 所示。

圖 9-1　維修計劃編制作業進度計劃

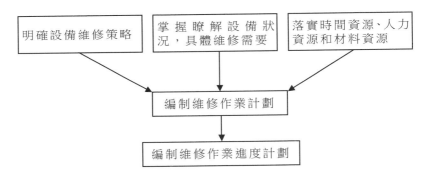

(1)明確設備或部件的維修策略；

(2)掌握和瞭解設備當前狀況以及具體的維修需要；

(3)落實維修所需的時間資源、人力技術資源和材料資源的到位情況；

(4)管理部門結合上述情況，編制維修作業計劃；

(5)各實施部門和二級單位根據維修作業計劃編制維修作業進度計劃。

3.設備維修計劃編制流程

(1)計劃項目的提出

根據上述的計劃編制依據，由設備管理各部門和有關人員提出設備維修項目，並徵集生產、技術、安全、環境保護、公用設施等方面的各類項目，加以歸納整理，由計劃編制人員編制草稿。

(2)維修計劃的初步審查

維修項目初步確定後，應按專業技術劃分成各種類型，交給各技術專業人員進行項目審查，如分成技術設備、轉動設備、電氣、熱工、儀器、自控、水處理、安全、環保、生產技術等。應研究項目的必要性、經濟性、可行性、實施方案等，必要時進行綜合評議審查。經過專業技術審查，形成報審計劃，送交分管經理。

(3)維修計劃的審定

維修計劃修改稿編制完成後，由主管進行審定。尤其是重大項目，應當組織各類專業技術人員討論加以確定。對確定的重要項目要重點研究施工的進度、組織、重要的器材、施工技術方案。

4.設備維修資源的利用與配置

設備維修(尤其是停工大修)的資源有：時間資源、資金資源、勞動資源、材料資源、技術資源，歸納起來為五大資源。這些資源是設備維修準備的重要條件，在裝置和設備停工以前，需充分考慮和認真準備。

(1)時間資源

設備除正常情況以外，故障停機、故障維修時間、維修準備時間等都是對設備的一種消耗。尤其是系統停工大修時，設備的檢修時間的控制對縮短大修時間非常重要。從這點來看，檢修時間的控制也是對時間資源的利用。對於大型設備，系統停工大修，做好檢修施工統籌，制訂施工網路計劃，就是要在最短的時間內，科學合理的安排施

工工作。

(2)技術資源

設備是科學技術的綜合成果，維修設備需要綜合各類專業技術。對於重點設備、大型設備的檢修，必須要制定施工技術方案。方案包括設備維修的內容、施工程序(拆卸程序和裝配程序)、檢修技術措施、檢修方法、技術要求、質量標準、驗收方式以及特殊技術準備、實驗等。

(3)材料(零件、器材、機具)資源

根據計劃、圖樣和任務單，準備配件、材料、施工輔助設施、各類器具、檢測試驗儀器，以及大型工程機械的預先租賃。

(4)資金資源

在財務管理中，應每月預留維修費用和預提折舊費用，在檢(維)修時使用。應按照計劃和預算，做好資金準備，並留有餘地。

(5)勞動資源

勞動力與維修組織是設備維修的主要因素，對於維修任務的完成十分重要。設備維修工作通過兩種方式進行，一種是自修，即企業內部的維修部門完成維修任務。另一種是外委，即由外部專業維修機構(公司)或製造商進行。

在工業發達國家，維修服務是第三產業的重要支柱，其服務範圍早已超出維護、檢查、修理範疇，已涉及到許多專業化領域，包括設備監測、事故處理、技術改裝、策略諮詢等。服務領域涉及汽車、紡織、電子、製造等。維修服務的社會化大大降低了維修成本。

設備製造的近代概念逐漸地超出了僅僅由設備製造商向用戶交出合格的產品，現在還要求製造商提供產品的後繼服務、設備運行的維修、易磨損零件的供應。而且製造商要追蹤作為產品的設備在整個運行週期中的性能變化和衰退，提供性能控制、故障預報、維修服務。

外委維修工程對維修承接公司的選擇原則是：

· 維修服務公司的資質，即公司的營業資格、營業範圍、安全資格等。

· 施工的經歷。工程公司承接過那些工程項目，能否承擔本企業的檢修工程。

· 施工的預算。施工預算是否合理。

· 大型項目的招標按有關規定進行。

2 維修計劃的內容

設備維修計劃內容應包含 5W2H，共七個要素：

(1) What：做什麼，作業內容

主要為維修內容，如解體檢查並更換軸承，重新加脂潤滑，調整輥距等具體作業內容。

(2) Where：什麼工廠，什麼裝置，什麼部位

主要說明作業地點：工廠、工段，作業設備編號，主要維修總成、部位，原地維修還是移位集中維修。

(3) When：何時，什麼週期，作業計劃時間

這是計劃的核心內容之一，主要說明維修作業計劃週期，每次作業起止時間，允許最高停機時間，承諾時間。

(4) Who：作業者，單位，部門，責任人

主要說明參與維修作業的實施部門，作業團隊名稱，責任人，配合部門及人員、專業。

(5) Why：作業理由，原理，策略依據

主要描述維修作業策略依據、設備狀況理由，工作原理，便於維修人員理解和自主遵守相關規則。

(6) How：如何進行，方法，工具，手段

這也是維修計劃實質、核心內容之一，主要描述作業方法，使用的工具、手段、技術路線。

(7) How much，how many：做多少，作業標準，預計成本

主要描述作業標準，包括質量描述，精度水準等要求，以此保證計劃內容的完備性，同時涉及維修費用、維修材料、工時成本預算。

表 9-1 所示為涵蓋上述 7 要素的維修計劃表示例。

表 9-1　維修計劃表

部門名稱			設備名稱			設備所在現場位置	
設備編號			維修策略作業依據				
作業週期	承諾完成時間	部位序號	作業內容	材料備件準備	工具方法手段	作業者	執行標準，質量要求規範文件
編制者		編寫時間		執行部門		計劃編號	
審批人		修改時間					

1. 維修計劃的編制和執行

(1)編制前的準備

在編制維修計劃系統前，首先將系統按主要生產設備分類，建立全套設備的資產目錄，按製造廠家提供的產品說明書要求和設備失效統計分析資料建立設備資訊庫，該庫包括圖樣資料庫、備件庫、維修計劃和工作說明書庫。

(2)編製作業號和費用號系統

設備管理部門按系統編制預防維修作業號和作業命令單流水號，以及各單位、各工種的費用代號系統。其中作業號和費用號是實施作業和控制的關鍵數據。

(3)編制預防維修作業書

設備管理部門根據維修計劃，將所有預防維修作業分類整理在事先準備的表格中，並賦予適當的預防作業號，輸入電腦中；列印全年52 週預防維修預報表，均衡各週工作量；再用條形圖初排各週作業進度計劃，最後編制預防維修作業說明書。

(4)制定並發放作業單

在保證一週作業量不超過維修資源能力的前提下，制定下一週預防維修作業匯總表和檢修作業匯總表，列印兩匯總表中各項作業的作業命令單或作業說明書，準備好必要的圖樣和資料，這些文件待企業設備維修負責人簽字後，發給廠房主管人員。

(5)作業制度計劃和派工

由廠房主管人員或工長下達一週維修作業，用條形圖或其他計劃編排技術編排維修作業實際進度計劃，使用派工牌派工。工作人員按作業單要求，高質量完成各項作業，並認真填寫作業單。作業完成後，作業單經廠房主管人員（或工長）檢查、驗收後返回機動處（科）計劃組。

(6)評估、反饋和數據整理歸檔

機動處(科)計劃組對反饋上來的作業命令單與記載的故障原因、作業情況和費用等資訊,以及材料庫、備件庫中的領料單中的資訊進行分析評估,整理後錄入電腦數據庫,並定期列印出各種報表。

2.維修計劃實施控制

維修計劃實施控制主要包括維修作業控制、設備狀態控制、費用控制和維修質量控制。

(1)維修作業控制

維修作業控制是通過收回的作業命令單和預防維修作業說明書進行分析,調整作業的進度計劃和派工任務而實現的,它是最重要的維修計劃控制。

(2)設備狀態控制

設備狀態控制主要內容是:收集設備維修作業資訊(包括故障發生時間、故障的性質、修理性質、修理工時、備件和用料數、總停用時間等資訊);鑑別故障性質、發現故障規律、分析故障原因。設備狀態控制的目的是:為制定合理的設備預防維修計劃和備件購置計劃提供依據;能掌握和發現重覆性故障的規律,通過原因分析,找到問題的解決方法;能將改進設備產品質量的資訊反饋給設備製造廠家。

(3)維修費用控制

維修費用控制的目的是對維修工作系統的效能進行監督。費用控制的主要方法是對維修費用進行分類,然後對維修作業命令單和預防維修作業說明書中的費用資訊進行統計和分析。

(4)維修質量控制

重點包括:

①保證所有維修作業有規範流程和指導書;

②維修人員培訓,熟練掌握維修作業規範;

③建立維修驗收合格標準，控制關鍵質量點；

④嚴格執行維修質量驗收合格證制度。

3 自主維修活動的前期準備

TPM 管理推進的核心內容是建立自主維修體系。自主維修體系是以生產現場操作人員為主，對於設備按照人的感官（聽、觸、嗅、視、味）來進行檢查，並對加油、緊固等維修技能加以訓練，使之能對小故障進行修理。通過不斷的培訓和學習使現場操作人員逐漸熟悉瞭解設備構造和性能，不但會正確操作，而且會保養，會診斷故障，會處理小故障。自主維修體系關鍵在於真正做到「自主」，使現場設備的保養、維護和維修成為操作工人的自覺行為。

1. 自主維修從觀念開始

自主維修牽涉到人的觀念、人的技術和人的追求三個要素，其概念如圖 9-2 所示。

2. 自主維修活動的準備

首先要做的就是要讓全體員工瞭解自主維修的意義。結合大、小會議宣傳自主維修的新觀念。自主維修不但可以改變設備狀況，還可以使人的自我成就感、自信心增強，使操作、檢修不同工種人員更加和諧，創造出團結、良好的工作氣氛。

緊接著是制訂計劃，制訂自主維修活動的推進計劃包含以下主要內容：

(1)安全：執行初期清掃可能會發生的受傷、事故（觸電、空氣殘

壓、洗劑腐蝕、塵埃入眼、墜落砸傷……)等預測,並對不安全因素進行警示和採取預防對策。

(2)人為劣化意識的教育:對為什麼會發生人為劣化的原因,造成的損失及防止人為劣化方法進行教育,以便在自主維修中避免,減少人為劣化事件。

(3)瞭解設備:通過設備簡圖繪製、學習設備構造機理及出現塵汙、斷油、鬆動所造成的不良影響的教育,使員工對設備有更深入的瞭解。

(4)技術準備:包括清掃工具和方法,加油潤滑「五定」基本知識、螺釘緊固工具及其方法指導。

圖 9-2　自主維修觀念

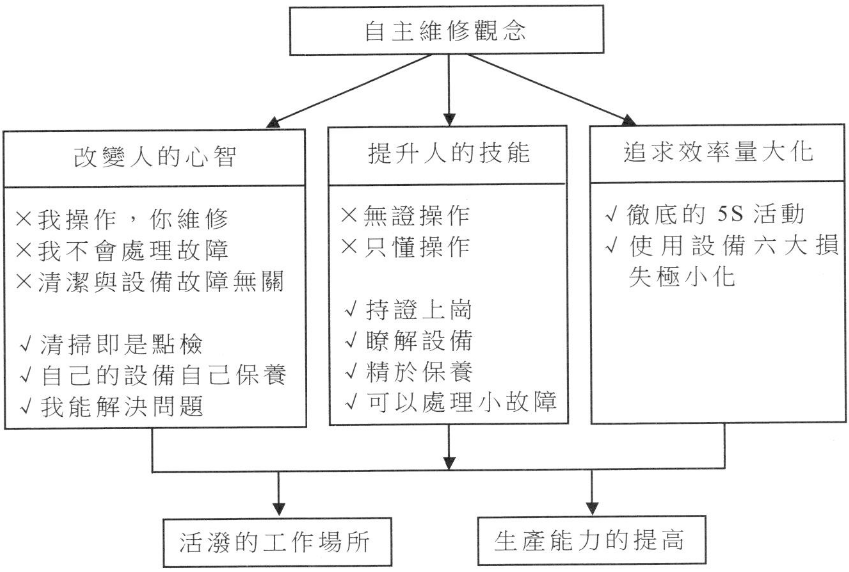

- 自主維修觀念
  - 改變人的心智
    - ×我操作,你維修
    - ×我不會處理故障
    - ×清潔與設備故障無關
    - √清掃即是點檢
    - √自己的設備自己保養
    - √我能解決問題
  - 提升人的技能
    - ×無證操作
    - ×只懂操作
    - √持證上崗
    - √瞭解設備
    - √精於保養
    - √可以處理小故障
  - 追求效率量大化
    - √徹底的 5S 活動
    - √使用設備六大損失極小化
- 活潑的工作場所
- 生產能力的提高

4 自主維修的七步活動展開

1. 自主維修第一步——初期清掃

初期清掃也是清潔點檢的開始。清掃雖然聽起來是小事，但做起來也要認真地對待，也要像對待任何大事那樣認真。初始清掃是以設備為主體、為中心的垃圾、塵土和污染的徹底清除。其目的是：

· 防止人為劣化。

· 通過清掃找出潛在故障缺陷及時得到處置。

初期清掃也是清潔點檢的開始，清掃是可以發現缺陷或故障隱患的，因而不是可做可不做的小事，這一項必須要進行，而且是經常性的。清掃中應注意以下幾點：

· 操作人員自己動手而不是請清潔工代替。

· 確實清除長年堆積的灰塵、污垢，恢復設備本來面貌。

· 徹底清掃每一個部位，不留死角。

· 不僅設備本身，連帶其附屬、輔助設施也要清掃(如油槽、水箱)。

· 即使清掃後又會馬上弄髒，也不能因此而放棄清掃。反過來，要分析經過多久、何處、為什麼又弄髒，找出污染源。

· 先從重點示範機台做起，徹底清掃，樹立榜樣。

· 確保清掃中的安全(防火、防觸電、防工傷等)。

清掃中點檢的重點：

· 選擇與設備故障缺陷相關的部位和問題為著眼點(鬆動、振動、發熱部位等)。

· 選擇可以用人的「五感」感知到、分辨出的部位。
· 檢查這些部位的清掃、加油、點檢、操作、調整、緊固等工作是否容易進行，安全裝置是否不良，為採取對策提供依據。
· 各種測量儀錶、標誌是否正常、準確；
· 對易於發生跑、冒、滴、漏的部位及原因的追查。
· 導油、導氣管、空氣壓縮傳遞機，不易發現、看不到內部的部份要小心留意其工作的異常。

2. 自主維修的第二步──技術對策與攻關

技術對策與攻關，首先要解決清掃、清潔中的障礙，即難於清掃的部位和易於污染的部位。對於難於清潔的部位，要設計相應的清潔工具和想辦法解決；對於易於污染上灰塵、廢料、油污的部位，要設計製作一些防護罩，以期徹底解決問題，減少這些部位的清潔時間。每個工廠應該對自己工作區域的環境負責，但一些清掃、清潔中的難題，維修技術人員應協助廠房予以解決。

除清掃、清潔中的問題，技術對策還要解決以下問題：
· 被忽略的設施；
· 斷開的水、油、氣管；
· 丟失的、不見的螺釘、螺母；
· 汽、氣的洩漏；
· 需要清理的氣液過濾裝置；
· 堵塞的管道；
· 油壓、液壓、液體的洩漏；
· 難以讀數的儀錶、測試裝置；
· 泵或壓縮機的異常雜訊；
· 短缺、不健全的安全防護裝置。

以上的情況不只發生在舊的設備現場，即使是新設備也可能發

生，如果不能夠及時發現，及時解決，就會釀成大問題。

3. 自主維修的第三步——自主維修臨時基準、規範的編制

在步驟一、二中，操作者已清楚了設備應該保持的基本狀況。TPM 小組下一步要制定快速和有效進行基礎保養和防止劣化的措施，如清潔、潤滑、緊固的標準和規範。顯然，能夠分配給清潔、潤滑、緊固及點檢的時間是有限的。組長應給操作者一個合理的目標時間。例如，設備運行前與後的 10min，週末 30min，月底 1h 等等。如果限定時間這些工作不能完成，他們就要設法改進清潔、潤滑、緊固操作方式，如在組長、技術人員幫助下的目視化改善措施的採用等。

清潔、潤滑選點之後，還要制定具體的規範，其中包括標準、方法、工具、週期等內容。

4. 自主維修的第四步——總點檢

通過自主維修的第一步到第二步，就可以以清潔、潤滑、緊固的方式來防止設備劣化，使設備保持其基本狀態。第四步，是通過總點檢來度量設備的劣化。

開始，TPM 小組長要進行點檢程序的培訓，培訓教材是維修主管編制的總點檢手冊。隨後，這些小組長再把這些點檢知識傳達給小組成員。攻關小組成員對總點檢中發現的問題制定技術對策。在維修技術人員的幫助下，由 TPM 小組執行對策，改善劣化部位。

總點檢內容的培訓是非常重要的環節，要認真進行。

總點檢的過程一般要持續較長時間，因為這也是操作工人檢查異常能力的訓練過程，是培養優秀工人的最好方式。因此，這一過程不可操之過急。只有全體工人都獲得點檢的技能，才會真正產生效果。

一般而言，自主維修的前三個步驟是為了恢復設備的基本狀況，所以不會產生明顯的成效。在第四步結束之前，企業應會有較明顯的改觀，如故障大大減少，設備綜合效率的大幅度提高。此時如果仍沒

有明顯的改善,說明早先幾個階段,沒有讓操作工人掌握好相關的技能,因為技能的訓練是成敗的關鍵。

5.自主維修的第五步——自主點檢

到了這一階段,操作工人可以依照從第一到第三步建立起來的檢查標準評價維修活動與設定的目標和結構有何差異,採取措施縮小這一差距。

當操作人員經過培訓教育已經徹底掌握了總體點檢的內容之後,維修部門也要制定自己的年維修計劃時間表,準備自己的維修標準。廠房小組建立的標準、規範與維修部門建立的標準應該進行對比,改正失誤,補充不足,消除重疊。廠房小組與維修人員兩部份的責任應明確定義,這樣完全的點檢可以在不同範圍內合理的分工完成。

6.自主維修的第六步——通過整理、整頓步入標準化

整理,即識別應該加以管理的工作場所,並制定相應的標準,這也是部門經理和廠房主管的任務,其目標是減少和簡化需要管理的內容。堅持整頓或整潔,就是要堅持執行已經建立起來的標準,主要由操作人員來實現。

整理和整頓是為推動企業簡化管理,組織有序的堅持標準的改進活動,標準化、規範化和目視化要在企業貫徹始終。

從步驟一到五,TPM 自主維修活動重點放到檢查和設備狀況(清潔、潤滑、緊固)的維護上,但操作者的責任應該比這些更廣泛更深入。

在第六步,生產主管和經理通過明確操作者責任,評價其作用,來推進自主維修。他們要致力於擴大與設備相關活動的範疇,思考如何提高操作者的技能,減少故障損失,讓操作者具備更多的技能和責任,如:

- 正確操作和調整(初始調整，檢測產品質量)；
- 異常狀態的檢查處理；
- 記錄運行、質量和加工狀態數據；
- 設備、模具、夾具和工具的小修。

表 9-2 給出了整理和整頓的標準之例，其中步驟六被細分為六個子步驟，並加以細緻說明。

表 9-2　自主維修中的整理、整頓標準

項目	要素
操作者責任	賦予操作者責任的標準，要堅持執行(包括記錄數據)
工作	推進有組織有序的工作程序和工作進程，目視控制，如產品、缺陷、廢料及消耗品等
模具、夾具和工具	通過目視控制，使模具、夾具和工具擺放有序，易於尋找，建立精度和維修標準
測量儀錶和防失誤設施	保管好測量儀錶和防失誤設施，並保持其功能正常；檢查和改進劣化，建立檢查標準
設備精度	操作者必須依照標準化程序檢查設備精度(因其會影響質量)
異常的處理和操作	建立和監視運行、安裝/調整、加工狀況；質量檢查標準化，改善解決問題技能

7. 自主維修的第七步——自主管理的深入

在生產主管的領導下，通過從第一到第六步的小組活動，工人們逐漸變得更自覺更有能力。最後，他們應成為獨立的、有技能的、充滿自信的工人，能夠自主監督自己的工作，不斷地改進工作。在這個階段，小組活動應集中在減少六大損失，集中在每個廠房由項目工作小組樹立樣板機台的工作上。自主維修進入自主管理的新階段。

圖 9-3　自主管理的深入

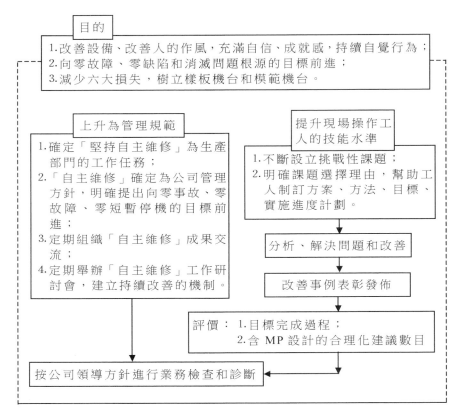

　　TPM 工作推進委員會的任務，應不斷地提出更高目標，要支援和表彰工作出色的機台，使自主維修活動深入人心，融入每個人的活動之中，堅持下去，成為操作工人的行為規範和自覺行動。使新入廠的工人能明顯感受到生產現場的優秀工作作風，受到教育和薰陶。他們能夠在老工人的帶領下，逐漸養成良好的工作作風和行為規範。

5 年、季、月修理計劃的編制

設備的修理計劃一般可分為年度、季和月計劃。年度計劃又可分為分工廠的年度修理計劃，主要設備的大、中、小修計劃和高、精、尖、特種設備的大修計劃等。

1.年度設備修理計劃的編制

年度計劃大體上對計劃期需要修理的設備數量、修理類型和修理時間做出安排，具體的修理項目、修理工作勞動量和修理停歇時間等，則在季和月修理計劃中詳細安排，包括大修、項修、技術改造、實行定期維修的小修和定期維護，以及更新設備的安裝等項目。確定年度修理計劃的主要依據，是設備的實際運轉台時和技術狀況。根據有關維修記錄、故障分析、檢查資料和年度生產大綱和預先制定的各種修理工作定額，由設備管理部門提出年度修理計劃，交計劃部門進行綜合及平衡。年度設備修理計劃如表 9-3 所示。

2.季設備修理計劃的編制

季修理計劃是年度修理計劃的執行計劃。根據設備當時的技術狀態和工作條件，結合本季生產經營的需要和可能，具體確定修理內容、修理勞動量和修理停歇時間。包括按年度計劃分解的大修、項修、技術改造、小修、定期維護，及安裝和按設備技術狀態劣化程度，經使用單位或部門提出的必須小修的項目。季設備修理計劃如表 9-4 所示。

表 9-3　年度設備修理計劃表

製表時間：　　年　　月　　日

序號										
使用單位										
設備編號										
設備名稱										
型號規格										
設備類別										
修理複雜係數	機									
	電									
	熱									
修理類別										
主要修理內容										
修理工時定額	合計									
	鉗工									
	電工									
	機加工									
	其他									
停歇天數										
計劃進度	一季									
	二季									
	三季									
	四季									
修理費用										
承修單位										
備註										

總工程師：　　　　　　設備主管：　　　　　　計劃員：

表 9-4　季設備修理計劃表

	序號										
	使用單位										
	設備編號										
	設備名稱										
	型號規格										
	設備類別										
修理複雜係數	機										
	電										
	熱										
	修理類別										
	主要修理內容										
修理工時定額	合計										
	鉗工										
	電工										
	機加工										
	其他										
	停歇天數										
計劃進度	月										
	月										
	月										
	修理費用										
	承修單位										
	備註										

總工程師：　　　　　設備主管：　　　　　計劃員：

3.月設備修理計劃的編制

月修理計劃(見表 9-5)是具體的作業計劃。根據上月修理任務的完成情況和修理前準備工作的落實情況,以及設備的實際開動台時、零件磨損程度等結合本月份的生產任務,具體確定本月份的修理對象及其修理項目、修理日期、修理進度和修理工人數等內容。包括:

(1)按年度分解的大修、項修、技術改造、小修、定期維護及安裝。

(2)精度調整。

(3)根據上月設備故障修理遺留的問題及定期檢查發現的問題,必須且有可能安排在本月的小修項目。

編制修理計劃,要注意修理計劃與生產計劃之間、修理任務與修理能力之間、季與季、月與月之間的統籌平衡。要優先安排對產量、質量、成本、交貨期、安全衛生和勞動情緒影響大的重點設備與關鍵設備,並要充分考慮生產技術準備工作的工作量、進度和能源供應等因素的制約。

心得欄 ------------------------------

表 9-5　月設備修理計劃表

序號											
使用單位											
設備編號											
設備名稱											
型號規格											
設備類別											
修理複雜係數	機										
	電										
	熱										
修理類別											
主要修理內容											
修理工時定額	合計										
	鉗工										
	電工										
	機加工										
	其他										
停歇天數											
計劃進度	起										
	止										
修理費用											
承修單位											
備註											

總工程師：　　　　　設備主管：　　　　　計劃員：

6 設備修理的體制

企業現行的設備修理制度，有計劃預防修理制、計劃保養修理制、預防維修制、全員生產維修制等。

1. 計劃預防修理制

計劃預防修理制（簡稱計劃預修制），是以設備故障理論和磨損規律為依據，對設備有計劃地進行預防性的維護、檢查和修理的一種維修制度。計劃預修的內容包括日常維護、定期清洗（及換油）、定期檢查和計劃修理。

計劃修理的方法一般有標準修理、定期修理和檢查後修理等 3種。

(1)標準修理。根據零件的磨損規律和使用壽命，事先規定設備的修理日期、類別、內容和工作量，屆時不管設備的實際技術狀況如何，都必須嚴格按照計劃規定進行修理。標準修理一般僅適用於必須保證安全運行的關鍵設備或生產自動線設備。

(2)定期修理。根據設備的實際使用情況，並參照有關檢修定額標準，預先訂出大致的修理日期、類別和內容，屆時再根據修理前檢查的結果，具體確定修理時間、項目和工作量。定期修理有利於降低修理費用，提高修理質量，應用比較普遍。

(3)檢查後修理。根據零件的磨損資料，制定設備檢查計劃，預先規定檢查的次數和日期，屆時再根據檢查結果編制修理計劃，具體確定修理時間、類別和修理工作量等。

2.計劃保養修理制

計劃保養修理制(簡稱計劃保修制)，是有計劃地對設備進行一定類別的保養和修理的一種維修制度，一般由三級保養和大修組成。計劃保修明確規定了各種維護保養和大修的週期、內容和要求。到了計劃規定期限，就必須按規定進行強制保養(包括日保、一保和二保)，並按計劃進行檢查和大修。

計劃保修制能較好地貫徹以防為主、保修並重和專群結合的原則，並通過一定的制度將操作工和維修工結合到一起，有側重、有分工，共同保證設備的完好狀態。機械、交通等行業在設備維修中多採用計劃保修制，取得了較好的效果。但強制保養和計劃大修的執行，必然造成某些設備或某些部位的維修不足或維修過剩，故此，還有待進一步完善和提同。

3.預防維修制

預防維修制，是由多種維修方式有機結合組成的一種綜合性的維修制度。它根據不同的故障類型以及維修費用與故障損失等因素，在不同階段，對不同對象採用不同的維修方式(見圖 9-4)。

圖 9-4　預防維修方式

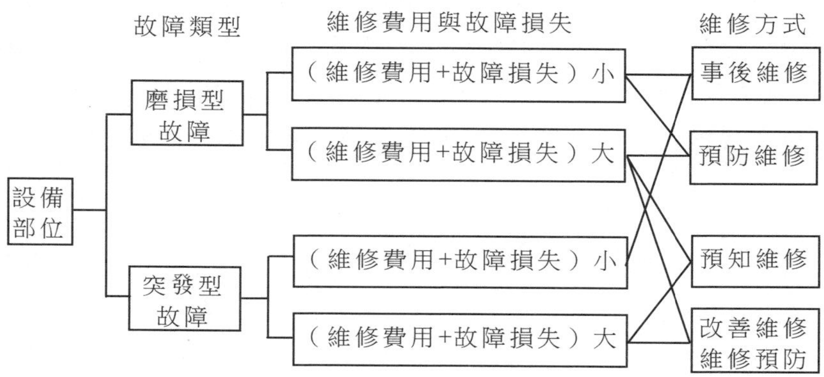

4.全員生產維修制

全員生產維修制(TPM),是以提高設備綜合效率為目標,以設備的整個壽命週期為管理對象的全員參加的現代設備維修體系。它的要點是:

(1)把提高設備的綜合效率作為目標。

(2)建立以設備一生(整個壽命週期)為對象的生產維修總系統。

(3)涉及設備的規劃研究、使用、維修等部門。

(4)從企業最高主管到第一線操作工人都參加設備管理。

(5)加強生產維修保養教育,開展以小組為單位的生產維修目標管理活動。

近年來,一些企業緊密結合本單位實際,因地制宜,學習日本設備管理先進方法,開展 TPM,不斷創意,逐步摸索適合企業情況的維修工作方法。

一些企業通過對不同維修制度的研究,結合實際,制定了新的「五、四、三、二、一」維修工作方法。這就是五個結合(即所謂整理、整頓、清潔、清掃、素養 5S 管理與生產結合,日點檢與日保養、週檢查結合,定期定檢與一般保養結合,精度檢查與二級保養結合,TPM 與 TQC 結合);四個考核(設備利用率、完好率、故障停台率和設備故障損失費用);三個圖表(因果分析圖、排列圖、對策表);兩個分析(維修報告分析、故障間隔時間分析);一個匯總歸檔(把以上數據和結果匯總並分類歸檔)。從而使設備管理維修工作取得較好的成績。

圖 9-5　設備修理方法的選擇

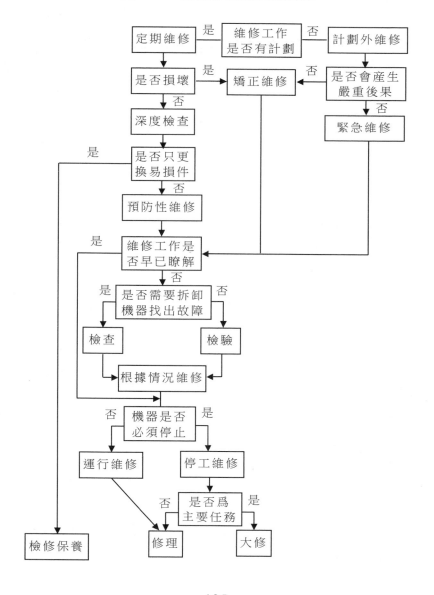

7 設備檢修計劃的管理

1. 準備檢修

(1)檢修前必須落實各項準備工作。

· 組織工作落實。

· 施工項目落實。

· 技術措施落實。

· 設備、零件落實。

· 各項材料落實。

· 勞動力落實。

· 施工圖紙落實。

· 工機具落實。

· 施工方案落實。

· 培訓教育工作落實。

(2)檢修前必須向單位明確任務。

· 項目任務。

· 施工圖紙。

· 質量標準。

· 設備零件。

· 材料。

(3)施工前必須把設備、備品、配件、材料、工機具運到現場，並按規定位置擺放好。

2.設備使用維護保養

(1)操作人員要做到正確使用、精心維護。

(2)操作人員必須經過培訓、學習崗位操作法和設備維護檢修規程，對使用的設備達到「四懂、三會」（懂結構、懂性能、懂用途、懂原理；會使用、會維護保養、會排除故障），並經考試合格後才能操作。

(3)操作人員必須做好下列主要工作：

①按崗位操作法和設備安全操作規程、運行規程進行設備的啓動、運行與停車，嚴格做到：

‧啓動前要準備。

‧運轉中要反覆檢查，各項指標都要符合技術要求。

‧停車後要妥善處理。

②堅守崗位，嚴格執行巡廻檢查規定，定時、定點，按巡廻檢查路線對設備進行仔細檢查，認真做到清潔、潤滑、緊固、調整、防腐。

③認真做好設備潤滑工作，做到潤滑器具完整、齊全、好用。

④認真填寫運行記錄，嚴格執行交接班制度。

⑤做好本崗位範圍內的設備、管線、儀錶盤、支架、基礎、地面、房屋建築的清潔衛生，及時消除「跑、冒、滴、漏」現象。

(4)操作人員發現設備情況不正常，要立即檢查原因，及時反映。在緊急情況下，應採取果斷措施或立即停車，並上報和通知值班班長及有關崗位人員，不弄清原因，不排除故障，不得盲目開車。已處理和未處理的缺陷，必須記錄在運行記錄本上，並向下一班交待清楚。

(5)各單位備用設備，應指定人員負責維護保養，做到不潮、不凍、不腐蝕，經常保持清潔。對於傳動設備按崗位操作法的規定盤車和切換，使備用設備處於良好狀態。

(6)嚴格控制備用設備的使用。動用備用設備時，廠控以上設備，由機動處批准。一般備用設備，由廠房設備主任或設備員批准。夜間動用備用設備，由值班長批准，並在次日向機動處或本單位主管彙報。

(7)各單位的設備、管道、支架、廠房、建築物、構築物、設備基礎，應保持完整，定期檢查、測定，並採取防潮、防汛、防凍、防塵、防腐蝕措施。對設備、管道的儀錶和安全裝置保證齊全完好，並按規定做定期檢驗、調整。

(8)維修人員（機、電、儀）對分管範圍內的設備負有維修責任，做到定時上崗，每天檢查一至三次，主動向操作人員瞭解設備運行情況，發現設備缺陷，及時消除。不能立即消除的缺陷要及時報告，並結合設備檢修予以消除。

(9)未經機動處同意，不能任意將配套設備拆開使用。閒置設備要按規定辦理手續退庫。尚未退庫的閒置設備，由所在單位負責維護保養，機動處要進行定期檢查。

3.檢修現場管理

(1)施工現場必須具備下列圖表和數據，並要做到規格化。

①檢修進度統籌圖（網路圖）。

②施工現場平面佈置圖。

③主要項目進度表。

④開、停車置換和動力平衡表。

(2)檢修工作實行全面質量管理，嚴格按照設備維護檢修規程中的質量標準和暫定質量標準執行。

①對於不符合標準要求的設備、備品、配件、緊固件、各種閥門、材料等，未經變更審批手續不得使用。

②檢修完的設備、管道等都要達到完好標準，做到不漏油、不漏水、不漏汽（氣）、不漏物料、不漏電。

③在施工中，對質量要實行「三級檢查」，即：檢修人員自檢，班組長(或工段長、主任)檢查、專業人員檢查。

(3)結合設備大、中修實行設備改造，由工廠向機動處提出報告，並附圖紙說明，批准後執行。重大設備革新，經機動處審查，設備副總批准。

(4)設備檢修要逐步採用故障診斷和監測等先進技術，如使用無損檢驗、測震、測速、故障測試等儀器，做到及時、準確地發現設備缺陷，指導檢查工作。

(5)檢修。

①廢機油採用漏斗和油桶接收，浸在油中的設備吊出油箱後應放在接收槽內，機油不得滴漏在設備和地面上。

②廢油脂用塑膠布接收，放到回收槽內，油脂不能落到設備和地面上。

③設備拆卸的零件，按其拆卸的技術順序擺放，並用規格的塑膠布墊好。拆開的設備和清洗後的零件，用塑膠布蓋好，以防雜質、灰塵沾染。

④對於化工設備(塔、槽、罐等)拆卸的零件，做好標誌，按規格大小或份量輕重，擺放在墊有方木的指定位置上，嚴禁沾土。

⑤拆卸的螺栓、螺帽、銷釘、墊圈等小型零件，用零件盒盛裝，禁止亂放、亂扔。

⑥添加的潤滑油，必須經過「三級過濾」。提油桶要求有濾網和防塵蓋，如果設備上沒有注油器，採用裝有濾網的注油漏斗。

⑦乾油桶有防塵蓋，向設備填加潤滑油脂，採用刮油刀，禁止用手抹。

⑧檢修用工具、量具，要整齊地擺放在塑膠布上，各種精密量具用完後隨時裝入量具盒內。

⑨施工材料、設備、備品、配件等,按規格、類別整齊地擺放在指定位置上,嚴防沾土。

⑹正確使用檢修工具和專用工具。嚴禁不合理地撬、打、鏟、咬。

①採用先進的專用工具。如:拆卸設備的聯軸節,必須採用扳手,嚴禁用錘打;拆卸設備的端蓋、壓蓋等,採用頂絲,嚴禁用扁鏟剔、打;檢修泵時應採用裝有吊裝架、抓鈎機構的移動檢修車;設備螺栓的拆、轉,應採用液壓扳手。

②使用工具一定要符合標準,嚴禁亂用。如螺帽的拆卸,使用合乎規定的扳手,不得用管鉗子咬、扁鏟剔和氣焊割;測量技術數據,按規定要求,使用合格的量具。

③設備找正時,要合理地使用測量儀器,嚴禁只憑手摸、眼睛看。設備聯軸節找正,要符合《設備維護檢修規程》的規定,一律採用千分錶(百分錶);無條件使用千分錶(百分錶)時,要利用鋼板尺透光的方法來找正。

④在檢修中必須保護好防腐層、保溫層、門窗玻璃、地坪、馬路、樹木和建(構)築物等,嚴禁亂打、亂壓、亂開孔或增加負荷。

⑻檢修現場要做到當班施工當班清理,交工驗收前做到工完、料淨、場地清。

⑼系統(裝置)檢修建立現場調度指揮機構,負責調度、平衡綜合進度和及時解決檢修中出現的各種問題。

4.檢修安全工作

⑴檢修項目和內容不完,不驗收。

檢修前必須辦理《安全檢修任務書》、《電氣檢修工作票》、《動火證》等,要求手續齊全、準確,否則檢修人員可拒絕檢修。

⑵檢修前安全措施必須落實,檢修中要嚴格執行《安全管理制度》和上級有關安全工作的規定,做到安全可靠,萬無一失。對於高、難、

險的檢修項目一定按所制定的安全檢修方案進行。

5. 交工驗收

(1)在「三級檢查」的基礎上，系統檢修由公司組織驗收；廠控以上的單體設備大修和部份中修由機動處組織驗收；一般設備大修、中修和小修由工廠組織驗收，並做到「六不」驗收。

①檢修項目和內容不完，不驗收。

②檢修質量達不到標準，不驗收。

③交工資料不齊全、不整潔，沒有完備的簽章手續，不驗收。

④檢修後現場衛生不規格化，不驗收。

⑤安全、環保設施不符合標準，不驗收。

⑥堵漏不符合標準，不驗收。

(2)交工資料一式三份，由檢修單位交給機動處和設備所在單位，一併載入設備技術檔案。

6. 檢修費用

(1)工程完工，施工單位應於當月內做出工程決算(結算)，報機動處審查後轉財務部。

(2)費用列支範圍。

①大修費用，由大修理基金支付。

②中、小修費用，由生產費用支付。

③系統(裝置)停產檢修費用，按檢修類別分別支付。

(3)各單位(部門)對維修費用的使用，都要進行月統計、季分析。

設備維護保養標準

1. 設備檢修

(1)對於購入和移交來的設備,由機動處負責檢查驗收。

(2)凡是外撥來的設備,由機動處負責索取圖紙資料,並弄清設備的規格、性能、技術條件和歷史情況。

(3)設備安裝前,施工單位負責清洗檢查,應按規定作化學成份、物理性能、無損檢驗等分析檢查。對於壓力容器,應按規定進行水壓或氣壓試驗,對於電氣設備應按有關規程進行試驗和檢查。

2. 設備維護檢修規程的制定與修訂

(1)設備維護檢修規程必須有下列內容:

・ 設備技術性能。

・ 檢修週期和檢修內容。

・ 檢修方法及質量標準。

・ 試車與驗收。

・ 維護及常見故障處理。

(2)新投產的廠房(裝置),由工廠負責編制設備維護檢修規程,報機動處審查,經總經理批准後執行。

(3)編制設備維護檢修規程的工作步驟:

・ 熟悉圖紙資料。

・ 查閱原始記錄,參考有關技術資料。

・ 現場實際調查。

・ 編制規程。

⑷隨著實際情況的變化，規程要作相應的修改，修改規程與制定規程的步驟相同。

3.完好設備標準

⑴零件完整齊全，質量符合要求。

①主、輔機的零件完整齊全，質量符合要求。

②儀錶、計器、信號連鎖和各種安全裝置、自動調節裝置齊全完整、靈敏、準確。

③基礎、機座穩固可靠，地腳螺栓和各部螺栓連接緊固、齊整，符合技術要求。

④管線、管件、閥門、支架等安裝合理，牢固完整，標誌分明，符合要求。

⑤防腐、保溫、防凍設施完整有效，符合要求。

⑵設備運轉正常，性能良好。

①設備潤滑良好，潤滑系統暢通，油質符合要求。

②無振動、鬆動、雜音等不正常現象。

③各部溫度、壓力、轉速、流量、電流等運行參數符合規程要求。

④生產能力達到銘牌能力或查定能力。

⑶技術資料齊全、準確。

①設備檔案，檢修及驗收記錄齊全。

②設備運轉時間和累計運轉時間有統計、記錄。

③設備易損件有圖紙。

④設備操作規程、檢修規程、維護保養規程齊全。

⑷設備及環境整齊、清潔，無「跑、冒、滴、漏」現象。

9 設備檔案的管理

1.設備技術檔案的內容

工廠要有本工廠全部設備技術檔案,包括:

(1)目錄。

(2)安裝使用說明書、設備製造合格證及壓力容器質量證明書,設備調試記錄等。

(3)設備履歷卡片:設備編號、名稱、主要規格、安裝地點、投產日期、附屬設備的名稱與規格、操作運行條件、設備變動記錄等。

(4)設備結構及易損件圖紙。

(5)設備運行累計時間。

(6)歷年設備缺陷及事故情況記錄。

(7)設備檢修、試驗與技術鑑定記錄。

(8)設備潤滑記錄。

(9)狀態監測和故障診斷記錄。

(10)設備技術參數變更記錄。

(11)設備技術特性。

(12)機動處應建立公司管網圖、地下管網圖、電纜圖和密封檔案。

2.管理分工

(1)工廠應建立壓力容器、起重設備檔案,詳細填寫製造部門、安裝技術文件、圖紙、強度計算書和檢查試壓及防腐蝕記錄。

(2)機動處、有防腐設備的單位,應建立防腐蝕設備檔案。機動處應建立工業建築物、構築物技術檔案。

(3)設備檢修後，必須有完整的交工資料，裝訂成冊，由檢修單位交設備所在單位(廠控的設備、鍋爐、壓力容器、防腐蝕設備及工業建築物、構築物等同時交機動處一份)，一併存入設備檔案，內容主要包括交工資料目錄，各種試驗測量記錄，缺陷及修復記錄，隱蔽工程記錄，設計變更記錄、理化檢測記錄，主要配件合格證、防腐工程記錄、單體試車記錄、聯動試車合格記錄及其他必要的資料等。

(4)新購置的設備及基建措施等新項目投產後，竣工圖、安裝試車記錄、說明書、檢驗證、隱蔽工程試驗記錄及製造廠家試驗檢查記錄和鑑定書(電氣設備)等技術文件，交檔案處保管，檔案處做抄件，分別轉給機動處和設備所在單位，裝入設備技術檔案。

(5)在用設備的技術檔案由機動處與設備所在單位按分管範圍妥善保管。設備遷移、調撥時其檔案隨設備調出，主要設備報廢後，檔案及時交公司檔案處存查。

(6)機動處專業管理員與專區管理員填寫分管專業、專區的主要設備及專業技術檔案，由統計員統一保管，機動處處長每季檢查一次，並做出評語，作為機動處職能人員工作考核的主要內容之一。設備所在單位由設備員、電氣技術員按規定填寫、整理、保管設備技術檔案、工廠設備副主任每季檢查一次，並作為設備員工作考核的主要內容之一。人員變更時，主管必須認真組織按項交接。

(7)技術檔案必須齊全、整潔、規範化，及時整理填寫。

---

10 設備維修記錄

設備維修記錄是推行全員生產維修的基礎，它所涉及的範圍很廣，包括從設計、製造、使用、維修，一直到設備報廢更新所有的數據和資料。

1. 設備維修記錄的分類

設備維修記錄一般分為輸出數據資料和輸入數據資料兩大類。其中輸入數據資料即原始數據資料，輸出數據資料包括分析數據和成果數據。其分類和內容如表 9-6 所示。

表 9-6　設備維修記錄分類表

分類		內容	舉例
輸入數據	原始數據	實施維修情況的資料	日常點檢表，定期檢查記錄表，精度檢查記錄表調整記錄，故障修理報告書，潤滑記錄，設備管理台賬，各種實施計劃等。
輸出數據	分析數據	對實施維修數據的分析資料	各種故障分析數據，平均故障間隔時間分析資料，用於分析各種問題的數據、資料等。
	成果數據和有關資料	表示維修效果或實施維修經過的資料	各種管理圖表，維修月(年)報，設備檢查履歷等。
其他	標準資料	規格、標準文件、作業標準文件	日常點檢標準，設備檢查標準，維修作業標準等。

2.設備維修記錄的管理

(1)原始記錄應設計成能反映出供分析的重大問題。記錄的項目要切合實際，力求完整，個體明確，並使有關人員能正確填寫它的內容。

(2)對原始記錄的發出、填寫、檢查、保管、傳遞等工作，要有專人負責，並形成制度。推行全員生產維修的初期，要求有關人員填寫原始記錄可能會遇到阻力，要耐心地工作。

3.設備維修紀錄的分析

對其整理和分析，以便達到設備管理的一定目的。

(1)分析可以從各種不同角度進行，其中設備故障分析(故障率、平均故障間隔時間、故障嚴重率、故障次數率、故障原因等)是重要分析內容。

(2)在進行設備故障分析時，應按設備、故障的性質及其發生部位等進行分類，以便在制定消除或減少故障措施時能抓住主要問題。

(3)設備故障分析時對那些多次重覆發生的故障、造成重要設備長時間停工的故障，以及維修費用大的故障，應給予更多的注意。

心得欄

- -

- -

- -

- -

- -

- -

11 設備的維修技術數據

　　設備維修管理不僅僅使現場井井有條，安全有序，重要的是保證設備的檢修技術實施。首先，要確定執行的技術質量標準、規程，尤其要求熟悉有關監察規程及部門的安全規程。

　　技術數據主要包括設備圖冊、歷年的檢修檔案、故障及事故記錄及本企業的維修標準。技術資料主要來源於隨設備購置而帶來的維修手冊、技術說明；向製造企業、專業書店和機構購置的技術文件；在企業維修實踐中自行編制、繪製的圖表和數據等。設備技術數據文件如表 9-7 所示。

表 9-7　設備維修主要技術資料

序號	名稱	主要內容	用途
1	設備說明書	規格性能 主要機械系統圖 液壓系統/氣動系統 電氣系統圖 基礎佈置圖 潤滑圖表 安裝、操作、使用、維修說明 滾動軸承位置圖 滾動軸承、液壓氣動系統元件、電氣元件、電子元件、傳動帶、鏈條等易損零件、外購零件明細表	指導設備安裝、使用和維修
2	設備圖冊	外觀示意圖及基礎圖 主要機械系統圖 液壓系統/氣動系統圖 電氣系統圖及線路圖 元件/部件/總成裝配圖	供維修人員分析排除故障，制訂修理方案，採購和製造備件參考

續表

序號	名稱	主要內容	用途
2	設備圖冊	備件圖 潤滑系統圖	
3	各動力站設備佈置圖，廠區動力管線網路圖	變配電所、空壓機站、泵房、鍋爐房等各動力站房設備佈置圖 廠區供電系統圖 廠區電纜/光纜走向及座標圖 廠區蒸汽、壓縮空氣、特殊氣體、上下水管網圖	供系統檢查、維修之用
4	備件製造技術規程	備件製造技術程序及加工設備 專用工、夾、輔、模具圖樣	指導備件製造作業
5	設備修理技術規程	設備拆解程序及注意事項 零件的檢查修理技術及技術要求 主要部件裝配和總裝配技術及技術要求 需用的設備、工檢具及技術裝備	指導修理技術人員進行修理作業
6	專用工檢具圖樣	設備修理用各種專用工、檢、研具及輔助裝備製造圖	供製造及定期檢查
7	修理質量標準	各種磨損零件修換標準 各類設備修理裝配通用技術條件 各類設備空運轉及負荷試車標準 各類設備幾何精度及工作精度檢驗標準	設備修理質量檢查和驗收依據
8	動能、起重設備和壓力容器試驗規程	試驗目的和技術要求 試驗程序、方法及需用量具、儀器 安全操作規程和防護措施	用於鑑定設備性能、出力狀況和安全性是否符合有關規定
9	其他參考技術數據	有關國際標準及外國標準 技術標準 企業標準 各類標準化認證體系文件 各種技術手冊，工具書 設備管理期刊雜誌 國內外企業先進技術經驗以及新技術、新材料等有關資料	供維修、維護和技術改造等項工作參考

在技術數據管理方面應該注意從以下方面進行規範：

· 文件分類編號合理，便於電腦管理。

· 新設備數據要及時複製，進口設備數據及時翻譯複製。

· 文件格式統一，規範。

· 制訂並認真執行圖樣設計、技術文件編制、審查、批准及修改程序。

· 注意新舊技術標準和國內外技術標準轉化和對照。

· 對相關技術，修理質量標準，經過生產驗證應該定期覆查、改進和修改。

· 注意圖冊管理（注意補充繪製、更新、通用化、標準化、外購化、進口件國產化及改造後的數據更新）。企業技術數據入庫、修改、報廢管理表格如表 9-8、表 9-9、表 9-10 所示。

表 9-8　技術數據入庫單

名稱								來源	隨機/外購/自編	
編號								形式	底圖/藍圖/印刷品	
入庫數量	圖樣（張）							印刷品（本/頁數）		
	合計	目錄	0#	1#	2#	3#	4#	16 開本	32 開本	
數據員			技術主管				經辦人			

註：本人庫單一式二份，經資料員清點無誤後簽收，一份交經辦人，另一份資料室存查，作為登記入賬依據。

表 9-9 技術數據修改通知單

數據名稱	資料編號	修改原因	
藍圖及底圖的編號或頁次		修改	撤換
數據員 技術組長 修改人 年 月 日			
備註：本通知單一式兩份，修改人和數據人各一份。數據修改後數據員方可簽字。			

表 9-10 技術數據報廢鑑定表

年　　月　　日

數據名稱		資料編號		
報廢原因				
鑑定人	職稱		姓名	
審核				
批准				
資料員 經辦人 年 月 日				

備註：1. 由設備技術主管審查，主管負責人批准。

　　　2. 本鑑定書一式兩份，一份交數據室存查，一份由技術主管存查。

第 十 章

機器設備的維修保養（四）
故障的分析

1 設備故障的規律

　　一般機械設備故障的發生也是有規律的，其圖形類似浴盆的斷面，一般稱之為「浴盆曲線」，見圖 10-1。

　　圖中橫坐標表示使用時間，縱坐標為故障率。由於設計錯誤、製造錯誤、安裝錯誤等原因，都會影響到曲線的形狀。由圖可見，零件故障可分為 3 個階段：早期故障期、固定故障期和磨損故障期。曲線概括性地表示零件與時間相對應的故障率曲線，也叫典型磨損曲線或壽命特性曲線。

1. 早期故障期

　　通常表示設備裝配後調整或試運行階段的故障特徵。零件裝配後開始運轉磨合的磨損特點是，在短時期內磨損加快，故障較多，隨著

試運行中的調整和零件的磨合，故障逐漸減少並趨於穩定。早期故障通常是由於零件加工質量和安裝精度上的缺陷所造成的。早期故障反映了設備的設計，製造和安裝的技術水準以及調整人員的技術水準。新設備的試運轉正是為了通過調整、保養糾正組裝時造成的早期故障，縮短早期故障期，使設備儘快正常運行。對於大修後的設備，由於更換了新的零件，又會出現新設備初期出現的早期故障。

圖 10-1　零件磨損曲線

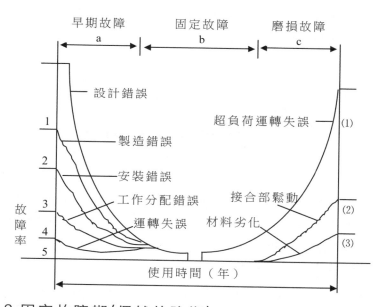

2.固定故障期(偶然故障期)

設備正常運行後的故障特徵屬於正常磨損，故障率比較低，接近常數。發生故障的原因是由於超過設備設計強度的負荷，偶然波動或其他偶然因素引起的。整個設備的故障率取決於各個零件的故障率。零件的可靠性越高，故障率越低，固定故障期越長，設備使用壽命越長，利用率越高。固定故障期反映了設計水準和製造質量，但與操作、

日常保養和工作條件（如負荷和作業環境）等因素也有關。操作和保養不當或超負荷運行都會加速故障的出現。

3.磨損故障期(耗損故障期)

機械零件經過長期運行的磨損，磨損強度急劇增加，零件配合間隙和磨損量急劇增加，破壞了正常的潤滑條件，加上零件過熱，超負荷運轉，材料劣化等原因使零件進入極限狀態。不能繼續工作，甚至將出現事故性故障。在此期間故障率隨時間上升。一般應採取調整、維修和更換零件等措施來阻止故障率上升，延長設備或零件的使用壽命，防止發生事故性故障。

2 設備故障的模式

結構、機械或零件的尺寸、形狀或材料發生改變而不能滿意地執行預定的功能，稱為機械故障（失效）。故障形式是一種或幾種物理過程，結果導致機械故障。

1.故障形式的分類

故障形式分類可從故障形式、導致故障的因素和發生故障部位來分類。對每種具體的故障，要鑑別是一種故障形式還是多種故障形式的組合？導致故障的因素是一種還是幾種？故障是一處還是幾處？

(1)故障形式。包括彈性變形、塑性變形、破裂或斷裂、材料變化、金相變化、化學變化、原子結構變化等。這些故障會引起完全失效。

(2)導致故障的因素。力包括穩定力、瞬變力、週期力、隨機力；時間包括很短時間、短時間、長時間；溫度包括低溫、室溫、高溫、

穩定溫度、瞬變溫度、週期溫度、隨機溫度；工作環境包括化學環境、熱環境。

⑶故障部位。有整體型、表面型、局部型。

2.設備故障的模式

設備故障模式是指設備故障的表現形式。設備故障模式是由人對設備故障狀態進行分類，它只涉及設備、零件出現什麼故障，不涉及為什麼出現故障。

故障模式與故障形式有些不同，劃分故障模式是為了便於在使用階段排除故障，實現安全穩定地生產。常見的機械零件的故障模式包括以下類型：

⑴損壞。包括斷裂、開裂、裂紋、燒結、擊穿、變形、彎曲、破損等。

⑵退化。包括老化、變質、剝落、腐蝕、早期磨損等。

⑶鬆脫。包括鬆動、脫落、脫焊等。

⑷失調。包括調整上的缺陷，如間隙過大過小、流量不準、壓力過大過小、行程不當、儀錶指示不準等。

⑸堵塞與滲漏。包括堵塞、不暢、漏油、漏氣、漏水、滲油、控制閥打不開(關不上)等。

⑹整機或子系統。包括性能不穩、功能不正常、功能失效、啓動困難、潤滑系統供油不足、運轉速度不穩、整機出現異常聲響、緊急制動裝置不靈等。

3.設備故障模式影響分析

設備故障模式影響分析是將設備分割為子系統(部件)和元件(零件)，逐步分析每個零件可能發生的故障模式對部件及設備故障的影響，然後提出可能採取的預防改進措施。當故障模式影響分析結果特別嚴重，可能造成死亡或重大財物損失時，要結合產生後果的嚴重程

度，進行故障模式影響及危害度分析。

進行故障模式影響分析時，要對元件可能產生的故障模式逐個進行分析。這裏元件是指構成系統（設備）、部件、組合件的單元，包括：

功能件——由幾個或幾百件零件組成，具有獨立的功能。

組合件——兩個以上零件組成，具有特定的性能，也可叫部件。

零件——不能進一步分解的單元，具有設計規定的功能。

操作者——人為差錯也能使設備發生故障，可列入元件一欄中進行分析。

進行分析時，重要的是確定設備是由那些「元件」組成的。有時沒有必要把元件分得過細，如機械上的電動機是由許多零件組成的，但拆開以後，電動機元件是沒有使用價值的，因此可把整個電動機看成是機械的 1 個元件。

這種分析對研究機械故障的影響特別有用，要仔細選擇那些發生故障後可能對人、設備產生不利影響的元件進行分析。現在列舉 1 個工人使用鑽床鑽孔為例，進行故障模式影響分析。如鑽頭折斷，可能對人、設備都不會產生影響，但由於沒有鑽頭，無法使用。操作工失誤也可引起設備故障，在鑽孔時，如果操作工未將工件固定，其影響要根據工件和鑽頭大小、加工材料進行具體分析。當鑽頭小、沒有固定的工件是薄木板，操作後對工件、人和設備都不會產生大的影響；如果鑽頭較大，沒有固定的工件是厚鋼板，就可能傷人。如果工件已固定，在操作時鑽頭的進給量過大時，對人、設備都不會產生影響，但會損壞鑽頭；如果工件未固定，鑽頭進給量過大時，不僅會損壞鑽頭，而且工件可能會隨鑽頭旋轉而傷人，甚至損壞鑽床。

總之，這種分析方法是具體情況具體分析，分析者的經驗越豐富，分析結果越全面；缺點是每次只能對一種故障模式進行分析。事實上有些比較嚴重的故障是許多因素結合在一起引起的。

3 設備故障的類型

1. 故障的類型

故障的類型很多，按分類方法不同，有不同的名稱。表 10-1 是故障分類表。

表 10-1　故障分類表

分類方法	故障名稱
故障原因	先天性故障(本質故障)、早期故障(設計、製造、材料、安裝缺陷造成的故障)、耗損故障(正常磨損)、誤用故障(操作、使用、維修不當)、偶然故障
故障危險程度	危險性故障、非危險性故障
故障性質	自然故障、人為故障
故障發生速度	突變故障、突然故障、漸變故障、退化故障
故障影響程度	完全故障、部份故障(局部故障)
故障持續時間	持續性故障、間歇故障、臨時故障
故障發生時間	早期故障(磨合期故障)、正常使用期故障、耗損故障期故障
故障類型	結構型故障、參數型故障(共振、配合鬆緊不當、過熱、溫度壓力波動等)
故障責任	獨立故障、從屬故障
故障外部特徵	可見故障、隱蔽故障
故障後果	致命故障、嚴重故障、一般故障、輕度故障

　　企業及設備主管最關心的是危險性故障、突發性故障、全局性故障（完全故障）、致命故障和嚴重故障，因為這些故障所造成的後果比較嚴重，可能危及人身和設備安全，而且有時難以預防，尤其是突發性故障在事前沒有可以覺察到的徵兆。突發性故障產生的原因是各種不利因素以及偶然的外界影響共同作用的結果，當作用超出了設備（零件）所能承受的限度，就會引起突發性故障。由於具有偶然性，無法預料在何時發生，一般無法在使用過程中通過監測手段進行預防，而且發生概率與使用時間無關，增加了預防突發性故障的難度。由於突發性故障是多因素引起的，因此應該採用多種手段進行早期診斷。

2.故障的等級

　　故障等級是根據設備（零件）故障模式造成的影響和後果劃分的等級。進行故障模式影響分析時，按嚴重程度即故障影響程度及故障是否容易排除，將故障等級分為四級。

表 10-2　故障類型分級表

故障等級	故障類型	可能造成的後果
Ⅰ級	致命故障	造成人員傷亡、設備報廢、造成嚴重損失
Ⅱ級	嚴重故障	造成重傷、嚴重職業病、主要設備嚴重損壞或不能用易損備件在短期內修復
Ⅲ級	一般故障	輕傷、輕度職業病、次要設備損壞、可用易損備件在短期內修復
Ⅳ級	輕度故障	不會造成傷害和職業病、設備不受損害、不用更換零件

　　在進行故障模式影響分析時，還要用到故障概率，即在一定時間內該故障模式出現的次數，用定性或定量方法表示，其分級見表10-3。

表 10-3　故障概率分級表

故障概率分級	定性分級	定量分級
Ⅰ 級	很低（不太可能）	單個故障模式概率小於全部故障概率的 1%
Ⅱ 級	低（很可能）	單個故障模式概率大於全部故障概率的 1%小於 10%
Ⅲ 級	中等（相當高）	單個故障模式概率大於全部故障概率的 10%小於 20%
Ⅳ 級	高	單個故障模式概率大於全部故障概率的 20%

3.故障產生的原因

設備（零件）故障產生的主要原因有以下 6 個方面：

(1)設計缺陷

包括結構上的缺陷，材料選用不當，強度不夠，沒有安全裝置，零件選用不當等。

(2)製造加工缺陷

包括尺寸不准，加工精度不夠，零件運動不平衡，多個功能降低的零件組合在一起等。

(3)安裝缺陷

包括零件配置錯誤，混入導物，機械、電氣部份調整不良，漏裝零件，液壓系統漏油，機座固定不穩，機械安裝不水平，調整錯誤等。

(4)質量管理上的缺陷

包括未認真按質量標準製造檢驗，使用不合格零件、元件，使用失靈的控制裝置，遺漏檢驗項目等。

(5)使用缺陷

包括環境負荷超過規定值，工作條件超過規定值，誤操作，違章操作，零件、元件使用時間超過設計壽命，缺乏潤滑，零件磨損，設備腐蝕，運行中零件鬆脫等。

(6)維修缺陷

包括未按規定維修，維修質量差，未更換已磨損零件，查不出故障部位，使設備帶「病」運轉等。

4.設備故障判斷的標準

故障是一種不合格的狀態，喪失了規定的功能，造成不能工作，動作不穩或性能降低。判斷零件或設備達到什麼程度才算出現故障，需要確定一個標準。1台汽車發動機磨損超過一定限度後，會加劇磨損，使發動機的功率降低、耗油量增加，但磨損限度很難確定。如果減少發動機的負荷，增加潤滑油，有一定磨損的發動機，仍可繼續使用，只有功率降低，也可不算故障。因此，需要制定一個公認的判斷標準。在確定故障判斷標準時，除了確定是不是故障外，還要分析故障後果，故障是否會影響設備的工作性能和對設備及人身的安全。在判斷機械的故障時，要從兩方面入手：

(1)機械的技術參數中的任何一項不符合規定的允許極限。

(2)機械是否會產生不允許出現的故障後果。

表 10-4 列出了一些機械零件的故障判斷標準，其具體數值範圍在設備的技術標準、產品使用說明書和維修手冊中都有規定。

表 10-4 一些零件的故障判斷標準

零件名稱	故障判斷標準	繼續使用可能引起的後果
軸	裂紋、花鍵磨損、彎曲、不同心度	振動、損壞其他零件、加劇磨損
齒輪	齒斷裂、裂紋	碎片落入嚙合處、損壞其他零件
滑動軸承	磨損、擦傷、減摩層脫落	潤滑條件惡化、擦傷加劇
滾動軸承	斷裂、燒結、保持架損壞、磨損	損壞部份落入齒輪中間、損壞其他零件
摩擦片	損壞、磨薄	喪失接合力或制動能力、機械打滑
聯軸器	固定螺釘斷裂、鍵損壞	機械不能運轉
密封件	損壞、燒結	破壞密封性、液體湧出、進入灰塵、其他零件加劇磨損
儀器	燒壞	無指示、不能進行監測
感測器	不起作用	不能進行監測、安全裝置不起作用

在確定故障判斷標準時，應考慮以下原則：

①不能在規定的使用條件下喪失其規定的功能。

②根據可接受的性能指標，即一個或幾個性能參數不能保持在規定的上、下限值。

③產品的主要技術指標。

4 設備故障的分類

1. 故障的定義

(1)設備故障的定義

設備在投入生產使用和運行過程中,由於某種原因,使系統、機器或構成系統、機器的零件喪失了其規定的功能,這種狀況成為故障。國際通用的定義是:產品喪失其規定功能的現象叫做故障。這個定義裏包括三種情況:

· 完全不能工作的產品;

· 性能劣化,超過規定的失效判據的產品;

· 失去安全工作能力的產品。

發生上述情況中的任何一種,都是發生了故障。設備一旦發生故障,會直接影響產品的產量、質量和企業的經濟效益,導致安全事故或安全隱患。

為了減少以至消滅故障,必須瞭解、研究故障發生的規律和機理,採取有效措施,控制故障的發生,這就是設備的故障管理。

(2)設備故障管理的重要性

面對生產效率極高的現代設備,故障停機會帶來很大的損失。在大批量生產的企業(如汽車製造廠等),減少故障停機不僅能減少維修所需的人力、物力、費用和時間,更重要的是可以保持生產均衡、保持較高的生產率,為企業創造出更多的經濟效益。在化工、石油、冶金等流程工業中,設備或裝置的局部異常會影響生產全局,甚至會因局部的機械、電氣故障或洩漏導致重大事故的發生,污染環境,破壞

生態平衡，造成不可挽回的損失。因此，隨著設備現代化水準的提高，加強設備故障管理，有著極其重要的意義。

2.故障的分類

通常，故障有以下分類：

(1)按故障發生與時間是否有關分類

①突發性故障

指事先沒有明顯徵兆而突然發生的故障，它是一種無發展期的隨機故障；發生故障的概率與時間無關；故障無法預測。

②漸進性故障

由於各種原因使設備規定的功能逐漸變差，以至完全喪失，當故障出現前，一般有較明顯的徵兆，發生故障的概率與時間有關，可以早期預測、預防和控制。

(2)按故障持續時間的長短分類

①間斷性故障

設備在短期內，零件由於某種原因而引起故障，經過調整或修理，即可使設備恢復到原有的功能狀態，這種故障稱為間斷性故障。

②永久性故障

設備某些功能的喪失，必須通過項修或大修理，必須更換零件才能恢復，成為永久性故障。

(3)按故障發生的巨集觀原因分類

①設備固有故障

是指由於設備在結構、材質設計上或設備製造上的原因，使設備本身不能承受其能力允許的最大負載而喪失使用功能所造成的故障。

②人為故障

由於現場操作人員的不當操作或維護不良所引起的故障。

③磨損引起的故障

指設備在長期使用過程中，由於運動件相互摩擦使機件產生磨損而引起的故障。

(4)按故障造成功能表現的程度分類

①功能故障

故障表現明顯，主要表現在不能完成規定的功能。例如電機故障機床不能開啟，車床變速不到位等。

②潛在故障

由於材質的缺陷、零件製造精度不良等原因，在一定條件下會引發故障。但在具體的功能上表現不明顯。

瞭解各種不同的故障，可採取不同的早期預測和防範、控制措施，力求使故障的發生和其危害程度降到最少。

3.設備故障的原因

發生機械故障的原因在於設備中零件的強度因素與應力因素和環境因素不相適應。

(1)彈性變形失效

當工作載荷和溫度使零件產生的彈性變形量超過零件配合所使用的數值時，就將導致彈性變形失效。例如用 2Cr13 不銹鋼做袖套，用青銅做軸瓦，這樣的材料匹配在常溫下可以很好工作，但在極低溫度下，由於兩者的線膨脹係數差別甚大，引起抱軸現象。這種彈性變形失效的判斷往往是困難的。主要是因為，雖然應力或溫度在工作狀態下會使零件彈性變形並導致失效，但是在解體或測量零件時，變形已經恢復。導致彈性變形失效的原因，幾乎全部是設計者考慮不週，計算錯誤或選材不當所致。

(2)屈服失效

由於塑性變形引起的失效叫作屈服失效。零件發生塑性變形是由於零件在某個部位所承受的實際應力大於材料的屈服強度。如果在兩

個互相接觸的曲面之間存在的接觸應力，超過了材料的接觸強度，可使匹配的一方或雙方產生局部屈服形成局部的凹陷，嚴重者會影響其正常工作。這種情況稱為超載壓痕損傷，它是屈服失效的一種形式。例如滾珠軸承在開始運轉前，如果靜載荷過大，滾珠將壓入滾道使其型面受到破壞，這樣的軸承在以後的工作中就會使振動加劇而導致早期失效。超載壓痕損傷往往是作為其他失效模式，如磨損、接觸疲勞等的前奏或誘因出現，較少作為單獨的失效模式出現。

(3) 塑性斷裂失效

塑性斷裂又稱韌性斷裂、延性斷裂。當零件所受實際應力大於材料的屈服強度時，將產生塑性變形。如果應力進一步增加，而該零件與其他零件的匹配關係又允許時，就可能發生破裂。這種失效模式稱為塑性斷裂失效。塑性斷裂的特點是在零件斷裂之前有一定程度的塑性變形，斷口四週有與零件表面呈 45°角的剪切唇，斷口粗糙，色澤灰暗，呈纖維狀。

(4) 脆性斷裂失效

脆性斷裂包括靜載及衝擊下的脆性斷裂、氫脆斷裂、應力腐蝕開裂等。靜載及衝擊下的脆性斷裂過程由開裂和裂紋擴展兩個階段所組成，當開裂後，裂紋即以極高速度擴展，斷裂前無任何預兆，突然發生災難性的破壞。脆性斷裂的微裂紋形成機理和微裂紋成核後裂紋的擴展是個非常複雜的問題，目前仍不是完全清楚。

促使靜載及衝擊條件下發生脆性斷裂的外部因素有：

- 低溫：在金屬與合金中，除具有面心立方品格的結構外，都有隨溫度出現的塑性脆性轉化現象。當高於脆性轉化溫度時，斷裂呈塑性，而低於該溫度時，斷裂呈脆性。
- 高的變形速度：衝擊載荷比靜載荷更容易使金屬材料發生脆斷。

‧ 應力狀態：三向拉應力容易使有色金屬零件發生脆斷。

從材料本身來看，引起脆斷的因素有：

‧ 材料的熱處理狀態與脆斷的傾向性有密切關係，例如過熱、回火脆性、時效脆性等都可使金屬構件發生脆性斷裂。

‧ 晶粒度大的材料容易脆斷。

‧ 表面劃傷、缺口等缺陷使脆斷傾向性增加。

‧ 殘餘拉應力高的零件容易脆斷。

脆性斷裂的主要特徵是：

‧ 零件斷成兩部份或碎成多塊。

‧ 斷裂後的碎片能很好的拼湊復原，斷口能很快吻合。在斷口附近，沒有宏觀的塑性變形跡象。

‧ 斷口與正應力方向垂直，斷口的源區邊緣無剪切唇。

‧ 斷口呈細瓷狀，較亮。

⑸疲勞斷裂失效

疲勞斷裂失效是指金屬材料在低於拉伸強度極限的交變應力的反覆作用下，緩慢發生擴張並導致突然破壞的斷裂現象。疲勞斷裂在所有金屬構件端裂中佔主要地位。

疲勞斷裂過程跟一般的靜力斷裂過程不同，它是損傷累積以至構件突然斷裂的過程。在恒應力或恒應變下，疲勞由三個過程組成：

‧ 裂紋的形成；

‧ 裂紋擴展到臨界尺寸；

‧ 餘下斷面的不穩定斷裂。

對於金屬材料和機械零件來說，零件表面存在的各種冶金缺陷、加工缺陷、截面尺寸突變、表面硬化處理以及各種腐蝕缺陷，這些地方易產生較大的應力集中，有利於疲勞裂紋的產生。金屬材料內部的第二相質點、非金屬夾雜物、晶界及亞晶界、孿晶、疏鬆、孔洞、氣

泡等處，也常常是容易產生疲勞裂紋的區域。

(6) 腐蝕失效

金屬表面與週圍介質發生化學及電化學作用而遭到的破壞，稱為金屬的腐蝕失效。金屬腐蝕一般可分為化學腐蝕和電化學腐蝕兩大類。化學腐蝕是金屬表面與介質發生純化學作用而引起的損傷。它的特點是作用中沒有電流產生。例如軋鋼是生成厚的氧化皮，金屬在有機液體(如酒精、石油等)中的腐蝕。電化學腐蝕是指金屬表面與離子導電的介質因發生電化學作用而產生的損傷。它跟化學腐蝕的不同之處在於進行過程中有電流產生。例如金屬在潮濕氣體中的腐蝕，在電解液中的腐蝕等。

化學或電化學作用均產生不同於原來金屬的物質，叫做腐蝕產物。根據有無腐蝕產物的存在，就可判斷是否發生腐蝕。

腐蝕失效常與疲勞、磨損等共同作用，形成各種複合的失效模式。

(7) 磨損失效

磨損是伴隨摩擦而產生的共同結果。它是相互接觸的物體在相對運動中，表層材料不斷發生磨損的過程或者產生殘餘變形的現象。磨損不僅使材料消耗，也使零件失效。磨損是零件失效的普通和主要形式，進而導致機械設備使用壽命降低和引發故障。尤其在現代工業自動化，連續化的生產中，某一零件磨損失效，就會影響全線的生產，影響企業經濟效益。

磨損是多因素相互影響的複雜過程。

磨損失效判斷，首先應確定失效零件是否具有受到磨損的工作條件，再根據零件表面的相貌和色澤、形狀和尺寸的變化等，判斷零件表面損傷是否屬於磨損，以及屬於那種磨損類型。

(8) 蠕變失效

蠕變是金屬零件在應力和溫度的長期作用下，產生永久變形的失

效現象。晶力沿晶界滑動產生形變是蠕變失效的主要機理。

因蠕變過程使預緊零件的尺寸產生變化而導致失效的現象稱為熱鬆弛。例如壓力容器上用於緊固法蘭盤上的螺栓，在溫度和應力的長期作用下，因蠕變而伸長，致使預緊力下降，可能造成壓力容器的洩漏。

蠕變的最主要特徵是永久變形的速度很慢。可以根據零件的具體工況來分析，是否存在產生蠕變的條件（溫度、應力和時間）。沒有適當的溫度和足夠的時間，不會發生蠕變和蠕變斷裂。

在蠕變斷口的最終斷裂區上，撕裂不如常溫拉伸斷口上的清晰。在掃描電鏡下觀察，蠕變斷口附近的晶力形狀往往不出現拉長的情況，而在高倍下，有時能見到蠕變空洞。

5 設備故障的統計與分析

目前，大多數設備遠未達到無維修設計的程度，因而時有故障發生、維修工作量大。為了全面掌握設備狀態，做好設備維修，改善設備的可靠性，提高設備利用率，減少故障和消滅故障，就必須重視故障發展規律的研究和管理。從設備管理的角度看，主要是對設備故障實行全過程管理。故障全過程管理的內容有：故障資訊的收集、儲存、統計、故障分析、故障處理、效果評價及資訊反饋。

上述內容中，重點在於故障分析與故障處理。認真實施故障全過程管理，可為開展設備故障機理和設備可靠性、維修性研究提供數據資訊，為改造在用設備、提高換代產品的質量提供依據。更重要的是，

通過故障分析，加強管理，預防類似故障發生，保證設備正常運行，減少損失。設備故障的全過程管理如圖 10-2 所示。

圖 10-2　設備故障的全過程管理流程

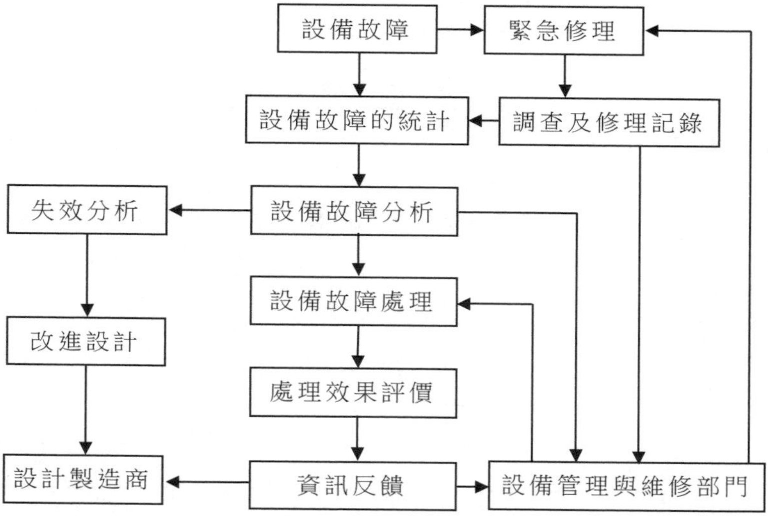

1. 故障原因的收集

(1)收集原因

設備故障資訊是指：設備故障的發生發展直至排除全過程的資訊。它通常採用故障記錄或故障報告單的形式，按規定的表格收集，作為管理部門收集故障資訊的原始記錄。當生產現場設備出現故障後，由操作工人填寫故障資訊收集單，交維修組排除故障。有些單位沒有故障資訊收集單，而用現場維修記錄登記故障修理情況。隨著設備現代化程度的提高，對故障資訊管理的要求也不斷提高，表現在：

・故障停工單據統計的信息量擴大；

・資訊準確無誤；

· 將各參量編號，以適應電腦管理的要求；

· 資訊要及時地輸入和輸出，為管理工作服務。

故障資訊收集應有專人負責，做到全面、準確，為排除故障和可靠性研究提供可靠的依據，表 10-5 所示為供讀者參考的設備使用、故障記錄日誌。

表 10-5　設備使用、故障記錄日誌

設備編號						
設備名稱						
日期	使用時間	故障發生時間	故障現象	故障檢查與故障原因	排除措施	更換件名稱、圖號和更換數量

型號							
規格							
修理工時							
鉗工	儀／電	移交使用時間	修理停機時間		使用人	維修人	修理費用
			等待	修理			

(2)收集故障原因的確實內容

具體內容包括：

①故障時間資訊的收集：包括統計故障設備開始停機時間，開始修理時間，修理完成時間等。

②故障現象資訊的收集：故障現象是故障的外部形態，它與故障

的原因有關。因此，當異常現象出現後，應立即停車、觀察和記錄故障現象，保持或拍攝故障現象，為故障分析提供真實可靠的原始依據。

③故障部位資訊的收集：確切掌握設備故障的部位，不僅可為分析和處理故障提供依據，還可直接瞭解設備各部份的設計、製造、安裝質量和使用性能，為改善維修、設備改造、提高設備素質提供依據。

④故障原因資訊的收集：產生故障的原因通常有以下幾個方面：
- 設備設計、製造、安裝中存在的缺陷；
- 材料選用不當或有缺陷；
- 使用過程中的磨損、變形、疲勞、振動、腐蝕、變質、堵塞等；
- 維護、潤滑不良，調整不當，操作失誤，超載使用，長期失修或修理質量不高等；
- 環境因素及其他原因。

⑤故障性質資訊的收集：有兩類不同性質的故障：一種是硬體故障，即因設備本身設計、製造質量或磨損、老化等原因造成的故障；另一種是軟體故障，即環境和人員素質等。

⑥故障處理資訊的收集：故障處理通常有緊急修理、計劃檢修、設備技術改造等方式。故障處理資訊的收集，可評價故障處理的效果和為提高設備的可靠性提供依據。

　　故障報告單內容與故障記錄內容相似，包括故障設備的資訊(設備名稱、編號、型號、生產廠家、出廠編號等)、故障識別資訊(故障發生時間、故障現象、故障模式等)，故障鑑定資訊(故障原因、測試數據等)、故障排除有關資訊(更換件名稱、圖號、費用、排除方法、防止故障再次發生的措施、停工工時、修理工時等)。表 10-6 是某廠故障報告單，僅供參考。

表 10-6　故障報告單

報告單編號：					報告時間：				
設備名稱			出廠編號				報告人		
設備型號			使用單位				停產時間		
設備編號			設備故障				設備故障		
製造廠家			始停時間				通知時間		
故障詳細情況					防止故障再次發生採取的措施				
故障模式					故障主要原因				
異常振動	堵塞	摩損	疲勞	裂紋	折斷	製造	安裝	操作	保養
變形	腐蝕	剝離	滲漏	異常聲響	絕緣劣化	超載	潤滑	修理質量	違章
材質劣化	發熱	油質劣化	其他			設計	其他		

工時與費用	停工停時		在何種情況下發現的故障				
	停理工時		日常檢查		事後修理		
	停工損失費		定期檢查		預防維修		
	廠內修理費		臨時修理		改善維修		
	對外委託修理費		修換件名稱	圖號	件數	費用	備註
	備件						
	合計費用						

使用單位負責人		維修單位負責人	

⑶故障原因的準確性

影響資訊收集準確性的主要因素是人員因素和管理因素。操作人

員、維修人員、電腦操作人員與故障管理人員的技術水準、業務能力、工作態度等均直接影響故障統計的準確性。在管理方面，故障記錄單的完善程度，故障管理工作制度、流程及考核指標的制定、人員的配置，均影響資訊管理工作的成效。因此，必須結合企業生產特點，重視故障資訊管理體系的建立和人員培訓，才能切實提高故障數據收集的準確性。

2.設備故障原因的統計

(1)故障資訊的儲存

開展設備故障動態管理以後，資訊數據統計與分析的工作量與日俱增。全靠人工填寫、運算、分析、整理，不僅工作效率很低，而且易出錯誤。採用電腦儲存故障資訊，開發設備故障管理系統軟體，便成為不可缺少的手段。軟體系統可以包括設備故障停工修理單據輸入模組；隨機故障統計分析模組；維修人員修理工時定額考核模組；設備可利用率的分析模組；可靠性研究模組等，均是有效的輔助設備管理。在開發故障管理軟體時，還要考慮與設備管理的大系統保持密切聯繫。

(2)故障資訊的統計

設備故障資訊輸入電腦後，管理人員可根據工作需要，列印輸出各種表格、數據、資訊，為分析、處理故障，搞好維修和可靠性、維修性研究提供依據。

3.設備故障原因的分析

設備故障的分析是十分複雜的工作，涉及的技術領域非常廣泛，就金屬失效分析來說，它本身就是一門專業技術。目前故障分析有三種形式。

(1)綜合統計方式

這是針對工廠設備總體發生的故障概率分析。如各類設備發生故

障的概率;按故障發生的現象或原因分類的故障概率;或某類大量使用的設備所發生故障類型的分類概率。針對概率發生高的設備故障,制定技術的或管理的措施,找出降低該種設備故障的方法,加以實施。

(2)典型失效分析方式

對某些重要設備或部位發生缺陷和失效,或者經常發生的失效模式,就要找出其內在的原因。為此需要利用技術分析的手段和借助於專業分析儀器加以解決,這就是金屬失效分析技術。

金屬失效分析技術的一般步驟如下:典型破壞部位取樣→斷口失效宏觀分析→斷口微觀失效分析→材質分析→失效類型及機理→失效原因判斷。

破壞環境分析:對設備工作環境中的介質、溫度、壓力、有害物質、腐蝕產物,或大氣及週邊條件等進行分析。

模擬分析:模擬失效構件的工作條件,以驗證失效分析的結論。

金屬失效分析既是一項專業技術,又是一項綜合分析方法。它需要利用各種技術,從結構設計、材料選擇、加工製造、裝配調整、使用維修到技術過程、人為因素、環境污染等,成為相關性綜合分析的系統工程。

(3)故障診斷分析

採用監測診斷儀器對運行中的設備進行監測和診斷,從而找出故障發生和發展變化的狀態及趨勢。一般步驟如下:設備運行中的狀態監測→故障診斷分析→趨勢預報;當設備停車後,對故障設備解體檢查和檢測,驗證故障結論並與診斷分析對照。其方法包括腐蝕監測、振動監測、溫度監測、聲音監測、潤滑監測等。

第十一章

機器設備的維修保養（五）
機器故障的排除

1 事故調查分析工作標準

1. 事故調查組的職責

事故調查組的職責：

(1)查明事故經過、人員傷亡及財產損失情況。

(2)查明事故的原因。

(3)確定事故的性質和責任。

(4)提出對事故責任者的處理建議。

(5)檢查控制事故的應急措施是否得當和落實。

(6)提出防止類似事故再發生的技術措施和事故教訓。

(7)今後需要研究的課題。

(8)對有關法律、條例、規程等修改意見。

(9)寫出事故調查報告。

2.調查方法

(1)現場調查：包括現場勘查、寫實、描述、實物取證等。

(2)技術鑑定：通過對現場物證，殘痕等進行技術研究，分析，必要時還要進行類比實驗以確定事故發生的直接原因。

(3)對當事人的問詢和談話筆錄，瞭解當時工作狀態和事故發生的經過。

(4)屍體檢查，瞭解遇難者的死因，為進一步查找事故直接原因提供依據。

(5)救護報告是事故現場的第一手資料，包括死亡人員的位置及狀態、設備和設施的狀態和破壞情況，為現場勘查和分析打下基礎。

(6)管理方面的調查包括

①企業及其主管部門對「安全第一，預防為主」的方針和安全生產法規的執行情況。

②企業安全管理機構的建立和安全管理人員配備情況。

③安全生產規章制度的制定和執行情況。

④《作業規程》及技術措施的編制、審批和實施情況。

⑤對員工的培訓教育情況。

⑥安全技術措施經費的提取和使用情況。

⑦歷年來的安全情況。

全面的調查為事故原因的分析提供了依據。

3.事故原因分析

事故原因分析是調查事故的關鍵環節。事故原因確定正確與否，將直接影響到事故處理。事故原因的確定是在調查取得大量第一手資料的基礎上進行的。事故原因分直接原因和間接原因。

(1)直接原因

人的不安全行為和機械、物質和環境的不安全狀態。

①不安全行為包括：

‧ 操作錯誤、忽視安全、忽視警告。

‧ 造成安全裝置失效。

‧ 使用不安全設備。

‧ 手代替工具操作。

‧ 物體存放不當。

‧ 冒險進入危險場所。

‧ 攀、坐不安全位置。

‧ 在起吊物下作業、停留。

‧ 機器運轉時加油、修理、檢查、調整、焊接、清掃等工作。

‧ 分散注意力。

‧ 未用個人防護用品。

‧ 不安全裝束。

‧ 對易燃、易爆物處理不當。

②安全狀態包括：

‧ 防護、保險、信號等裝置缺乏或有缺陷。

‧ 設備、設施、工具、附件有缺陷。

‧ 個人防護品用具—防護服、手套護目鏡及面罩、呼吸器官護
　具、聽力護具、安全帶、安全帽、安全鞋等缺少或有缺陷。

‧ 生產場地環境不良。

(2)間接原因

①技術和設計上有缺陷，如工業構件、建築物、機械設備、儀器
儀錶、技術過程、操作方法，維修檢驗等設計、施工和材料使用存在
問題。

②教育培訓不夠、未經培訓、缺乏或不懂得安全操作技術知識。

③生產組織不合理。

④對現場工作缺乏檢查或指導錯誤。

⑤沒有安全操作規程或不健全。

⑥沒有或不認真實施事故防範措施，對事故隱患整改不力。

⑦其他。

分析事故的時候，應從直接原因入手，逐步深入到間接原因，從而掌握事故的全部原因。再分清主次，進行責任分析。

4.事故調查報告

(1)事故調查報告是事故調查後必須形成的文件，一般包括以下內容：

①事故單位基本情況。

②事故經過。

③事故原因。

④事故性質和對有關責任者的處理意見。

⑤事故教訓和今後的防範措施。

⑥今後需進一步研究的課題。

⑦對法律、條例、規程、標準等的修改意見。

⑧附件、技術鑑定、筆錄、圖紙、照片等。

(2)調查報告一經調查組討論通過，每位調查組成員均應簽字。

2 機械事故發生原因分析標準

1. 直接原因

(1)機械的不安全狀態

機械的不安全狀態如防護、保險、信號等裝置缺乏或有缺陷：

①無防護。無防護罩，無安全保險裝置，無報警裝置，無安全標誌，無護欄或護欄損壞，設備電氣未接地，絕緣不良，雜訊大，無限位裝置等。

②防護不當。防護罩未在適當位置，防護裝置調整不當，安全距離不夠，電氣裝置帶電部份裸露等。

又如，設備、設施、工具、附件有缺陷：

①設備在非正常狀態下運行。設備帶「病」運轉，超負荷定轉等。

②維修、調整不良。設備失修，保養不當，設備失靈，未加潤滑油等。

③強度不夠。機械強度不夠，絕緣強度不夠，起吊重物的繩索不合安全要求等。

④設計不當，結構不合安全要求，制動裝置有缺陷，安全間距不夠，工件上有鋒利毛刺、毛邊、設備上有鋒利倒棱等。

個人防護用品、用具——防護服、手套、護目鏡及面罩、呼吸器官護具、安全帶、安全帽、安全鞋等缺少或有缺陷：

①所用防護用品、用具不符合安全要求。

②無個人防護用品、用具。

生產場地環境不良：

①通風不良。無通風，通風系統效率低等。

②照明光線不良。包括照度不足，作業場所煙霧煙塵彌漫、視物不清，光線過強，有眩光等。

③作業場地雜亂。工具、製品、材料堆放不安全。

④作業場所狹窄。

操作工序設計或配置不安全，交叉作業過多。

地面滑。地面有油或其他液體，有冰雪，地面有易滑物如圓柱形管子、料頭、滾珠等。

交通線路的配置不安全。

貯存方法不安全，堆放過高、不穩。

(2)操作者的不安全行為

這些不安全行為可能是有意的或無意的。

①操作錯誤、忽視安全、忽視警告包括未經許可開動、關停、移動機器；開動、關停機器時未給信號；開關未鎖緊，造成意外轉動；忘記關閉設備；忽視警告標誌、警告信號；操作錯誤（如按錯按鈕、閥門、搬手、把柄的操作方向相反）；供料或送料速度過快；機械超速運轉；衝壓機作業時手伸進沖模；違章駕駛機動車；工件刀具緊固不牢；用壓縮空氣吹鐵屑等。

②使用不安全設備。

臨時使用不牢固的設施如工作梯，使用無安全裝置的設備，拉臨時線不符合安全要求等。

③機械運轉時加油、修理、檢查、調整焊接或清掃。

④造成安全裝置失效。

拆除了安全裝置，安全裝置失去作用，調整錯誤造成安全裝置失效。

⑤用手代替工具操作。

用手代替手動工具，用手清理切屑，不用夾具固定，用手拿工件進行機械加工等。

⑥攀、坐不安位置(如平臺護攔、吊車吊鉤等)

⑦物體(成品、半成品、材料、工具、切屑和生產用品等)存放不當。

⑧穿不安全裝束。

如在有旋轉零件的設備旁作業時穿著過於肥大、寬鬆的服裝，操縱帶有旋轉零件的設備時戴手套，穿高跟鞋、涼鞋或拖鞋進入工廠等。

⑨必須使用個人防護用品，用具的作業或場合中，忽視其使用，如未戴各種個人防護用品。

⑩無意或為排除故障而近危險部位，如在無防護罩的兩個相對運動零件之間清理卡住物時，可能造成擠傷、夾斷、切斷、壓碎，或人的肢體被捲進而造成嚴重的傷害。除了機械結構設計不合理外，也是違章作業。

2.間接原因

(1)技術和設計缺陷

設計錯誤：

①預防事故應從設計開始。設計人員在設計時，應儘量採取避免操作者出現不安全行為的技術措施和消除機械的不安全狀態。

②設計錯誤包括強度計算不準，材料選用不當，設備外觀不安全，結構設計不合理，操縱機構不當，未設計安全裝置等。即使設計人員選用的操縱器是正確的，如果在控制板上配置的位置不當，也可能使操作者混淆而發生操作錯誤，或不適當地增加了操作者的反應時間而忙中出錯。

③設計人員還應注意作業環境設計，不適當的操作位置和勞動姿態，都可能使操作者引起疲勞或情緒緊張而容易出錯。

製造錯誤：

①即使設計是正確的，如果製造設備時發生錯誤，也會成為事故隱患。在生產關鍵性部件和組裝時，應特別注意防止發生錯誤。

②常見的製造錯誤有加工方法不當（如用鉚接代替焊接），加工精度不夠，裝配不當，裝錯或漏裝了零件，零件未固定或固定不牢。工件上的劃痕、壓痕、工具造成的傷痕以及加工粗糙，可能造成設備在運行時出現故障。

安裝錯誤：

安裝時旋轉零件不同軸，軸與軸承、齒輪嚙合調整不好，過緊過鬆，設備不水平，地腳螺擰緊，設備內遺留工具、零件、棉紗而忘記取出等，都可能使設備發生故障。

維修錯誤：

①沒有定時對運動部件加潤滑油，在發現零件出現惡化現象時沒有按維修要求更換零件，都是維修錯誤。

②當設備大修重新組裝時，可以會發生與新設備最初組裝時發生的類似錯誤。

③安全裝置是維修人員檢修的重點之一。安全裝置失效而未及時修理，設備超負荷運行而未制止，設備帶「病」運轉，都屬於維修不良。

(2)管理缺陷

無安全操作規程或安全規程不完善；規章制度執行不嚴，有章不循；對現場工作缺乏檢查或指導錯誤；勞動制度不合理；缺乏監督。

(3)教育培訓不夠

未經培訓上崗，操作者業務素質低，缺乏安全知識和自我保護能力，不懂安全操作技術，操作技能不熟練，工作時注意力不集中，工作態度不負責，受外界影響而情緒波動，不遵守操作規程，都是事故

的間接原因。

⑷對安全工作不重視

組織機構不健全，沒有建立或落實現代安全生產責任制。沒有或不認真實施事故防範措施，對事故隱患調查整改不力。

3 設備故障診斷

設備故障診斷是指在設備運行過程中，根據診斷參數，判斷設備內部運行狀態，找出有無故障、故障部位、故障性質、故障原因，提出排除故障的方法。設備診斷與設備檢查是有明顯區別的，前者是動態的檢查，而後者是靜態的檢查。

1.設備故障診斷的目的

設備故障診斷的目的是保證設備安全可靠，有效地發揮其規定的功能，實現安全生產。具體目的包括：

⑴保證設備運行安全可靠、無故障。

⑵保證設備充分發揮其規定的功能。

⑶判斷設備故障發展趨勢，防止設備性能劣化、功能下降。

⑷如果設備或零件已經或即將出現故障，能及時發現並準確地診斷，及時採取措施，防止發生重大事故。

⑸根據狀態監測結果，加上良好的維修制度，可以安全地延長大修的間隔期，減少維修次數和工作量，提高維修效率，節省維修費用，提高設備使用壽命。

2.設備故障診斷的內容

設備故障診斷的內容包括：

(1)正確地選擇與設備運行狀態有關的特徵信號作為診斷參數。

(2)正確地從特徵信號中提取反映設備運行狀態的有用資訊。

(3)根據監測到的資訊進行診斷，判斷狀態有無異常，即進行故障早期診斷或簡易診斷。

(4)進一步進行故障分析，診斷故障部位、類型、性質、程度、原因及發展趨勢，即進行故障精密診斷。

(5)根據診斷結果，做出對設備進行在線調整、繼續監測、更換零件或停機檢修等決策。

設備故障診斷的內容可概括為：對故障機理的瞭解；根據監測到的特徵信號，找出故障原因，決定故障模式；判斷故障後果，提出改進措施。

3.設備故障診斷的過程

設備故障診斷過程可用流程圖表示，見圖 11-1。

4.設備故障診斷應考慮的因素

進行設備故障診斷時，應找出反映設備運行狀態的有用資訊，掌握影響各種資訊的因素，以便有效地進行診斷。設備故障診斷時應掌握的內容包括：

(1)設備有那些常見的故障？這些故障是怎樣引起的？有那些缺陷能發展成為故障？

(2)設備故障對設備性能會產生什麼影響？是否會影響正常運行？那些故障應引起重視？

(3)故障的頻率和強度如何？

(4)故障性質是隨機性的還是與時間有關？對於故障有無有效的預知預測手段？

圖 11-1　設備故障診斷流程圖

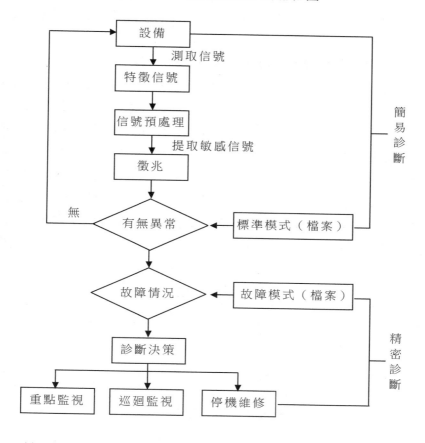

(5) 應對那些部位和診斷參數進行檢測？那種監測方法最有效？那種監測方法費用最少？

(6) 對於發生的故障能否避免？發現後能否排除或修復？

(7) 採用何種維修體制和方法可減少故障？

(8) 故障可能造成多大的損失？排除故障需要多少費用？

(9) 故障診斷所需要的數據、資訊、技術資料和診斷手段是否齊

全？

⑽設備維修、職工培訓、數據管理、設計等部門間的協調關係和職責是否清楚？

5.設備故障診斷各階段的工作內容

設備故障診斷工作要貫穿在設備設計、製造、使用、維修等各個階段。設計階段要求製造出性能優、故障少、易診斷的設備。

如果未能達到這一目標，就應在使用期內，以經濟效益好、技術先進、安全可靠為設備運行目標，對設備進行技術改造，提高和改進設備的工作性能。當設備發生故障，應將設備檔案包括故障前、故障時和故障後的全部技術資料加以收集和保存，作為設備診斷和改進設計的依據。故障診斷技術的管理類似於全面質量管理的工作程序，即遵循計劃、實施、檢測、措施的循環，即 PDCA 循環。設備診斷工作可分為 3 個階段，不同階段的工作內容見表 11-1。

表 11-1　故障診斷各階段工作內容

階段	工作內容
規劃、研製、設計（改造）	1. 預測和分析設備的可靠性和維修性 2. 研究維修方式 3. 開發檢測和診斷技術 4. 評價經濟效益 5. 進行可靠性和維修性設計 6. 進行初步試驗和設計審查
使用、維修	1. 設計維修 2. 狀態監測維修 3. 設備檢查 4. 對設備可靠性和維修性進行長期監測
評價、試驗、修正	1. 分析故障和費用 2. 制定判斷設備可靠性和維修性的標準、尺度和計算方法 3. 通過故障分析，再試驗，修正設計、肯定效果

6.設備故障診斷的方法

(1)直接法

這是將狀態監測直接測得的特徵信號作為故障徵兆，如測定振動位移、速度、加速度來判斷有無故障。測定蒸汽壓力和溫度來判斷鍋爐有無故障時，這些參數既是特徵信號又是故障徵兆。

(2)間接法

當狀態監測所獲得的特徵信號不能或難以直接用特徵信號表示故障徵兆時，必須從特徵信號中通過一定的數學運算，提取對故障比較敏感、能表示一定故障徵兆的參數。例如，設備振動資訊中包含設備有無裂紋的資訊，但是從振動信號中難於直接做出有無裂紋的結論，需要運用振動理論、信號分析理論和裂紋診斷的實踐經驗，從特徵信號中提取對狀態變化最敏感的資訊，才能判明設備是否有裂紋。間接法又分為兩類：

①函數分析法。當特徵信號與故障徵兆之間存在定量的函數關係時，可以通過數學分析法，從特徵信號獲得故障徵兆。

②統計分析法。這種方法適用於特徵信號與故障徵兆之間存在統計關係，這種方法又分為：

‧非參數模型法。即傳統的統計分析法，從經過採樣的特徵信號中直接算出統計特徵，如相關係數作為故障徵兆。

‧參數模型法。根據經過採樣測取的信號建立起差分方程形式的參數模型，然後再計算出信號的統計特徵和設備的固有特徵作為故障徵兆，即目前廣泛應用的時間序列模型診斷法。

(3)對比診斷法

這是目前應用最廣的一種診斷方法。事先通過分析、試驗、統計歸納等方法，建立狀態與徵兆相對應的基準模式或標準曲線。診斷時，將獲得的表示待診斷設備工作狀態的徵兆與基準模式對比，即可確定

設備是否有故障,故障在何處。

(4)函數診斷法

如果故障徵兆與狀態之間存在定量的函數關係,在獲得故障徵兆後,即可計算出相應的狀態。例如結構裂紋與結構剛度有定量的數學關係,而結構剛度又和結構振動信號有定量的數學關係,通過振動信號就能診斷出結構是否有裂紋以及裂紋的位置和大小。

(5)邏輯診斷法

如果故障徵兆與狀態之間存在邏輯關係,可以通過故障徵兆,用推理的方法診斷出設備的狀態。例如,通過潤滑油監測技術,推斷出設備中零件的磨損情況。

(6)統計診斷法(統計模式識別法)

將設備在正常狀態或異常狀態下的徵兆構成一個基準模式,然後將待診模式與其比較和判斷,劃出相距最近的基準模式,或通過一定的判斷,將待診模式劃入相應的基準模式。

7.設備故障的排除

在診斷出故障位置、原因後,應採取措施排除故障。必要時,必須停機檢修的故障可採用聯鎖裝置使設備自動停機。至少應在故障初期設置報警信號,以便引起操作人員的注意。排除故障屬於維修工作。

4　預防人為操作失誤

對以下一些操作者人為失誤的原因，要加以預防：

(1)未注意。

(2)疲勞。

(3)未注意到重要的跡象。

(4)操作者安裝了不準確的控制器。

(5)在不準確的時刻開啟控制器。

(6)識讀儀錶錯誤。

(7)錯誤使用控制器。

(8)因振動等干擾而心情不暢。

(9)未在儀錶出錯時及時採取行動。

(10)未按規定的程序進行操作。

(11)因干擾未能正確理解指導。

「未注意」和「疲勞」是操作者失誤的兩個重要原因。

預防「未注意」的措施，主要是在重要位置安裝引起注意的設備、提供愉快的工作環境，以及在各步之間避免中斷等。

預防「疲勞」主要是採取排除或減少難受的姿式、集中注意的連續時間、對環境的應激及過重的心理負擔等措施。

1. 通過聽覺或視覺的手段，幫助操作者注意某些問題以避免漏掉某些重要跡象。同時，通過使用這些特定的控制設備可以避免某些不準確的控制裝置所造成的問題。

2. 為了避免在不正確的時刻開啟控制器，在某些關鍵序列的交接

處提供補救性措施是必要的。同時,應保證功能控制器安放在適當的位置,以便他們的使用。

3. 為預防誤讀儀錶,有必要根除清晰度方面的問題,以及視讀者移動身體的要求,和儀錶位置不當等。避免連續能量的輸入、關鍵控制器的類似及控制表格難於理解等,都可有效地預防控制器方面的錯誤。

4. 使用噪音消減設備及振動隔離器,可有效克服因噪音和振動造成的操作者失誤。

5. 綜合使用各種手段,保證各儀器發揮適當功能,並提供一定的測驗及標準程序,諸如未對出錯儀錶作出及時反應等人為失誤便可克服。

6. 避免太久、太慢或太快等程序的出現便可以預防操作者未能按規定程序進行操作的失誤。

7. 因干擾問題不能正確理解指導時,可以通過隔離操作者和噪音等或排除干擾源,便可克服這種人為失誤。

心得欄 _____

_____

_____

_____

_____

_____

5　設備修理的實施

　　修理計劃經過審核和批准後，由計劃部門下達給各廠房貫徹執行。組織執行時，要做好技術準備和物質準備工作。首先要做好修理前的技術準備工作，如擬訂修理技術方案和技術規程；設計修理用的技術裝備；編制修理圖冊；繪製自製的更換件圖紙及準備好有關技術資料等。此外，還要做好物質準備工作，如製造必要的技術裝備和配件；準備好修理用的設備、材料和工具；組織好外購配件、工具的供應等。在執行過程中，要對計劃的執行情況進行檢查、統計、分析，協調各種影響要素，以保證修理計劃的切實執行。

　1. 編制修理圖冊

　　修理圖冊的編制和管理，是修前技術準備工作的主要內容之一。經常收集設備的有關圖紙資料，並按要求編制成修理圖冊，可以在設備修理時，根據修理圖冊瞭解設備的結構、性能，決定修理的方法，進行備件的製造、外購及儲備，從而使設備修理工作順利進行。

　　(1)設備修理圖冊的內容

　　設備修理圖冊的內容包括：

　　①設備的主要技術數據。

　　②設備原理圖。如傳動系統圖、電路系統圖、氣動系統圖、各種管路系統圖、液壓系統圖、滾動軸承位置圖等。

　　③潤滑系統圖。

　　④基礎圖、安裝圖。

　　⑤總裝配圖及各重要部件裝配圖。

⑥修理和日常維護需要更換、修復、調整的全部零件圖。

(2)修理圖冊的編制

編制修理圖冊分為兩個步驟。

第一步收集圖冊資料，可以通過以下幾個途徑收集：

①向設備製造廠和曬圖廠索購。

②自行測繪(一般結合檢修時進行)。

③與兄弟企業互相交換。

④由地區設備維修互助組，組織分工測繪。

第二步是對圖冊資料進行整理編制，在編制時對圖冊資料有如下要求：

①圖紙要有統一的編號。

②圖紙的大小、繪製方法及符號、標記等要符合標準。

③圖紙上的公差、熱處理等技術條件要標註齊全。

④型號相同的圖紙，因製造廠和出廠年份不同，零件尺寸可能不同，應與實物校對。

⑤設備改進或改裝後，其圖冊應及時修改。

2.修理前的檢查測繪

為了掌握設備實際技術狀況(包括幾何精度、性能、缺損件等情況)，瞭解該設備的大修技術要求，以便為修理準備更換件和專用工、檢、研具的圖紙，確定大修技術，收集原始資料，需要在設備大修前進行檢查測繪。設備大修前的檢查測繪應提前一段時間進行，通常可結合大修前一次的二級保養同時進行。為了做好檢查測繪工作，主修技術員或工程師，在檢查測繪前要做到下列幾點：

(1)閱讀設備使用說明書和部件裝配圖，熟悉設備的結構和性能。

(2)查看設備檔案，掌握設備的安裝、事故及歷史修理情況。

(3)查看備件圖冊和專用檢、研具圖冊。

(4)提出檢查測繪時需使用的專用工、檢具。

(5)提出檢查測繪的項目。

(6)檢查測繪工作，應由主修技術員(或工程師)、操作工人、維修工人等參加，以主修工程技術人員為主，其他人員配合進行。

在正式檢查測繪之前，還要做到以下兩點：

①操作工人要向主修人員介紹設備的技術狀態，包括設備的精度、性能、漏油情況，零附件缺損情況，技術要求等。

②維修工人要介紹設備曾發生的事故、故障及現存的主要缺陷。

正式檢查測繪的內容主要有以下幾方面：

①外觀檢查。這是指檢查各導軌面的磨損和研傷情況，外露零件磨損情況。

②設備運行狀況檢查。包括設備的噪音，變速範圍操縱的靈活、準確情況和「爬行」現象等。

③幾何精度檢查。包括設備主要精度，以及技術要求的幾何精度。

④修理更換件的確定。主修人員根據掌握的情況，對於確定不了的更換件，可通過解體檢查來確定修理更換件及核對圖紙。

⑤安全裝置檢查。包括設備的儀錶及安全裝置，要求靈敏可靠。

⑥電氣部份檢查。包括信號系統，控制線路，要求靈敏可靠。

設備檢查測繪後，應將設備恢復為原狀況，繼續使用。

檢查測繪的要求如下：

①更換件、修復件要檢查得全面準確。一次性提出設備需要更換、修復的零件的齊全率，要達到 75%～80%。同時，做到「三不漏」，即大型複雜的鑄鍛件、外購件、關鍵件不能漏提。

②不進行檢查測繪、一次解體的直接大修的設備，第一次校對圖紙或測繪時，其更換件明細表要做到「三不漏」，補測不超過第一次測繪圖紙數的 5%。

③按零件校對或測繪時，保證提供可靠的配件製造施工圖紙。圖紙上的零件各部尺寸、公差與配合、形位公差、材料、熱處理要求及其他技術條件，要準確齊全。

為了及時完成設備的修理，在設備檢查測繪後，主修工程技術員要編制「修理技術準備書」，這是修理前技術準備的主要內容。修理技術準備書內容包括：

①備件製造施工圖紙。

②更換件明細表。

③更換零件的圖紙，零件加工技術。

④修理某設備專用的工、檢、研具的製造圖紙及加工技術。

⑤特殊修理技術，即指導特殊修理的技術文件。

⑥修理技術任務書。這是修後驗收的標準之一，主修人員在檢查測繪時應進行仔細的檢查，將設備修前情況和修後要求，詳細地編寫在技術任務書內。設備修理完工後，應將精度檢驗實測數位記錄在上面，裝入設備檔案袋。表 11-2、表 11-3 為××廠的設備修理技術任務書的樣式。

表 11-2 設備修理技術任務書

（正面）

資產編號		出廠日期		修理類別	
設備名稱		投產日期		工作令號	
型號		製造廠		使用單位	
複雜係數		上次大(中)修日期		操作者	

一、修前設備狀況：歷史狀況、技術狀況、送修單位要求、運轉情況、電氣、液壓及其他。

二、修理主要內容及要求：性能、修復精度標準(附表)、主要更換和修復件(附缺損件表)、液壓、電氣、修理改裝及其他要求。

設備主管	技術主管	編寫技術號	電氣動力技術員醫修廠房機械員

表 11-3 修復精度及檢驗記錄

（背面）

序號	檢驗項目	標準精度(mm)	修復允差(mm)	修後實測誤差(mm)

6 故障診斷邏輯方法

優秀的故障診斷還離不開診斷者的分析問題能力和邏輯推理能力。診斷人還應該學會如何積累、總結經驗，通過以往的經驗來分析判斷設故障。

1.主次圖分析

所謂的主次圖分析又稱為帕雷托分析，是一種利用經驗進行判斷分析問題的方法。我們將平時的設備故障頻次或者停機時間記錄下來，統計繪出設備的故障主次圖（PARETO 圖）。繪製主次圖的方式是，首先按照故障頻次大小（停機小時多少）從左到右排序。然後分別將故障頻次的百分比（或者停機小時）累加起來描點，再把這些點用曲線連接起來就形成了全圖，如圖 11-1 所示為一台加工機床的故障主次圖。

圖 11-1 加工機床的故障主次圖

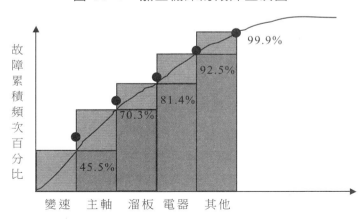

　　從圖中可以看出，變速故障的頻次為 45.5，而變速與主軸故障頻次之和為 70.3，變速加主軸加溜板故障頻次之和為 81.4。人們自然會問：這樣的圖有什麼意義呢？按照義大利科學家帕雷托的 80/20 分佈理論，設備 20%的故障模式決定著 80%的停機時間。就像人生病一樣，雖然人可以得百病，但每一個人都有主要的身體弱點，20%的疾病決定了 80%的病假時間。這就告訴我們的診斷工作者，永遠要抓住最有傾向性的前 20%故障模式，因為它們決定了設備的主要故障停機。設備一旦出現故障，首先要想到故障頻次最高的一、兩種故障模式，然後再尋找次要的模式，這是比較有效的診斷方法。

2.魚骨分析

　　魚骨分析又稱為魚刺圖，就是把故障原因按照發生的因果層次關係用線條連接起來，構成故障的主要原因稱為脊骨，構成這個主要原因的稱為大骨，依次還有中骨、小骨、細骨，圖 11-2 給出了一個典型的魚骨圖。

圖 11-2　故障魚骨圖

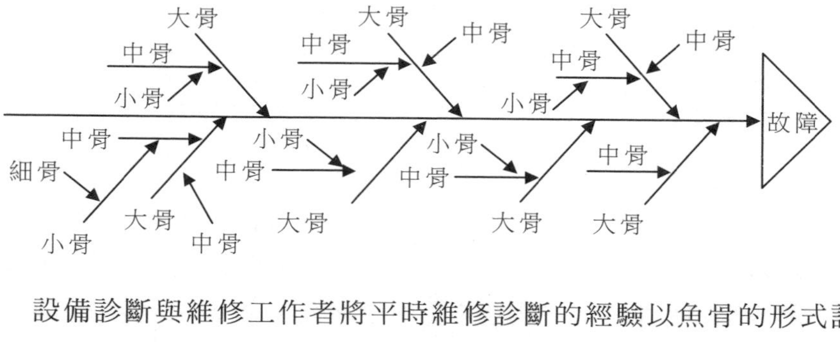

　　設備診斷與維修工作者將平時維修診斷的經驗以魚骨的形式記錄下來，過一段時間需要對魚骨圖進行整理，凡是經常出現的故障原因(大骨)就移到魚頭位置，較少發生的原因就向魚尾靠近。今後，設備出現故障，首先按照魚骨圖從魚頭處逐漸向魚尾處檢查驗證，檢查

出大骨,再依次尋找中骨、小骨、細骨,直到找到故障的根源,可以排除為止。

圖 11-3 是用魚骨圖分析設備綜合效率低下問題的例子。

圖 11-3 利用魚骨分析方法分析影響 OEE 的設備損失圖

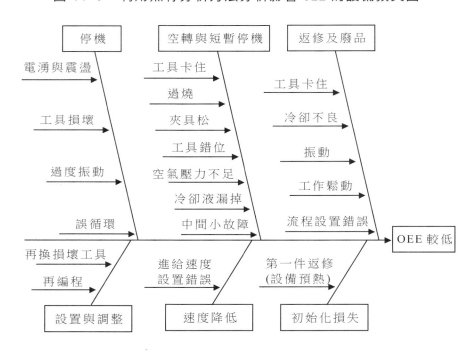

3.故障樹分析

故障樹分析類似於魚骨分析,也是層層展開的因果分析框架。不希望出現的事件,即設備故障稱為頂事件,用矩形框框起來,中間出現的事件稱為中間事件,也用矩形框框起來,最後不再展開討論的事件稱為底事件,用圓圈圈起來。這樣按照因果關係連接起來的樹型結構圖稱為故障樹。故障樹與魚骨圖的重要區別是事件之間要區分其邏輯關係,最常用的是「與」和「或」關係。「與」用半圓標記表示,

即下層事件同時發生才導致上層事件發生；「或」用月牙型標記表示，即下層事件之一發生就會導致上層事件發生。

4.契合法

在被研究現象出現的若干場合中，如果某一個或一組事件次次出現，那麼這個屢次出現的情況或者事件就是被研究對象的原因（或結果）。有如下公式：

場合	先續（或後續）事件	被研究對象
（1）	A、B、C	a
（2）	A、D、E	a
（3）	A、F、G	a

結論：A 事件是 a 現象的原因（或結果）。

例：某石化廠 MARK-V 型催化劑加料器頻頻出現強制加料和安全銷斷裂的故障，經六次解體檢查，均發現是均勻耐磨盤及浮動蓋板的聚胺脂耐磨層與金屬基體鼓泡分離，並與計量孔卡澀，導致安全銷超載而剪斷，並進一步導致耐磨盤與計量盤之間貼合不緊，催化劑微粒通過間隙強制加入反應器中引起質量問題。因此可以得出結論：耐磨盤及浮動蓋板結構與材質缺陷導致故障發生。其公式為：

（1）安全銷斷裂+強制加料（A）…均勻耐磨盤及浮動蓋板的聚胺脂耐磨層與金屬基體鼓泡分離（a）

（2）安全銷斷裂+強制加料（A）…均勻耐磨盤及浮動蓋板的聚胺脂耐磨層與金屬基體鼓泡分離（a）

（3）安全銷斷裂+強制加料（A）…均勻耐磨盤及浮動蓋板的聚胺脂耐磨層與金屬基體鼓泡分離（a）

…………

結論：均勻耐磨盤及浮動蓋板的聚胺脂耐磨層與金屬基體鼓泡分離導致安全銷斷和強制加料

為了進一步解決這個問題，這個廠對設備的這部份進行了改造，更換了耐磨材質——一種自潤滑性較好的複合材料作為耐磨層；同時採用整體耐磨材料代替原來分體式結構，避免因為兩種材料熱膨脹係數不同而引起分離狀況。改造後的效果良好。避免了上述故障發生的同時節約了大量資金。

5.差異法

在被研究現象出現與不出現的場合，如果某一個或一組事件同時出現或者不出現，那麼這個與眾不同的情況或者事件就是被研究對象的原因（或結果）。公式：

場合	先續（或後續）事件被研究	對象
（1）	A、B、C	a
（2）	－、B、C	－

結論：A 事件是 a 現象的原因（或結果）。

例：三缸柴油機運行時排氣冒黑煙，用斷缸法分別只鬆開某汽缸高壓油管，發現僅在 A 缸油管鬆開時黑煙消除。

（1）A 缸不鬆	B 缸不鬆	C 缸不鬆	冒黑煙
（2）A 缸不鬆	B 缸鬆	C 缸不鬆	冒黑煙
（3）A 缸不鬆	B 缸不鬆	C 缸鬆	冒黑煙
（4）A 缸鬆	B 缸不鬆	C 缸不鬆	無黑煙

結論：A 缸故障導致冒黑煙(a)發生

利用差異法進行故障診斷常用的方法還有：輪流切換法、換件法等等。所謂的輪流切換法就是當出現某故障模式——表徵之後，輪流切換或斷開某一元器件，看該表徵是否會消失。一旦消失，說明某一斷開或者被換掉的元器件與故障表徵相關，可能是故障源。

在進行換件法診斷時，注意每次只能更換其中一件，原來更換過而未出現異常的元器件應該復原，然後再更換另外的元器件。這樣才

能準確定位故障部位。

6.假設檢驗方法

一般設備故障問題往往比較複雜，不是簡單的推理分析就可以馬上得到解決的，人們可以將問題分解成不同層次，一層一層地加以解決。這就像剝洋蔥的方法，剝開一層再剝開一層，直到問題的解決。假設檢驗方法是將問題分解成若干階段，在不同階段都提出問題，做出假設，然後進行驗證，得到這個階段的結論，直到最終找出可以解決問題的答案為止。假設檢驗法又可以稱為「剝洋蔥法」，其邏輯過程為：

階段 A：問題 A→假設 1，2，…→驗證 1，2…→結論 A；

階段 B：問題 B→假設 1，2，…→驗證 1，2…→結論 B；

階段 C：問題 C→假設 1，2，…→驗證 1，2…→結論 C；

直到得出可以解決問題，得出最終結論。

在上面的邏輯驗證過程中，每一個階段都是一次 PM 分析過程，下一階段的問題往往是上一階段得結論，例如「問題 B」。一般為「為什麼會出現結論 A？」，然後再假設和驗證。直至最後找到故障原因，提出處理意見。

實例：注塑機小泵單獨工作壓力可達 10MPa，而大、小泵同時工作系統壓力僅有 5MPa，機器無法正常工作。大小泵輸出的油路是連通的，小泵正常，說明問題出在大泵上，從大泵逐步分析如下：

(1)階段 A：

問題 A：那個因素引起大泵壓力不高？

假設	驗證
溢流閥損壞	經檢查，溢流閥無異常
大泵本身損壞	經檢查，大泵無異常
換向閥 5A 問題	封住溢流閥排除 5A 影響，對溢流閥調壓，壓力可達 10MPa，假設成立
結論 A：換向閥 5A 問題引起大泵壓力不高	

(2)階段 B：

問題 B：換向閥 5A 有什麼問題？

假設	驗證
密封圈失效	經檢查，密封圈無異常
電磁鐵 D1 損壞使閥芯不到位	用內六角扳手將閥芯推到底，壓力仍上不去，假設不成立
電磁閥內部磨損嚴重，間隙大，封不住油	閥芯與閥孔間隙過大，假設成立
結論 B：換向閥配合表面間隙過大，換向後不能封住先導油，使溢流閥不能正常調壓	

(3)階段 C：

問題 C：為什麼換向閥 5A 磨損嚴重？

假設	驗證
使用太久	在每一循環中，換向閥 5A 動作 3 次，5B 動作 1 次，故 5A 損壞，5B 正常，假設成立
液壓油不合要求	用 32 號機械油，長期不換，有水分，污染嚴重，假設成立
結論 C：換向閥換向次數過多，液壓油污染嚴重，引起配合表面磨損嚴重	

處理措施：

①重新配換向閥 5A 配合表面，使之達到公差範圍；

②換油並清洗油箱。

7.劣化趨勢圖分析

設備的劣化趨勢圖是做好設備傾向管理的工具。趨勢圖是按照一定的週期，將設備的性能進行測量，在趨勢圖上標記測量點的高度（任何性能量綱都可以換算成長度單位），一個個週期地描出所有的點，把這些點再用光滑的曲線連接起來，就可以大體分析出下一個週期的設備性能劣化走向。如果存在一個最低性能指標，則可以看出下一週期的設備是否會出現功能故障。

8.失效模式、影響和危害性分析

失效模式、影響和危害性分析是失效模式分析、失效影響分析和失效危害性分析三種分析方法組合的總稱。失效模式是失效的表現形式和狀態，如電路短路、機械斷裂等。失效影響則是指某種失效模式對所關聯的子系統或整個系統功能的影響。失效危害性則是指失效後果的危害程度，通常用危害度來定量分析度量。

失效模式、影響和危害性分析過程如下：

· 對所分析系統自上而下按照功能劃分出「功能塊」。分解到最基本的構件、零件。具體分解到那一水準，可根據分析目標確定。

在調查的基礎上，找出各功能塊的失效模式和影響。

· 通過必要的測試與理化分析，查明失效的形成原因。

· 進行各失效模式的危害性分析，按照危害程度定性劃分為四個失效等級，等級的具體描述如表 11-4 所示。

表 11-4　失效模式的危害等級表

失效等級	危害程度
1	系統功能喪失，損失重大，可能導致傷亡
2	系統功能喪失，損失較大，沒有導致傷亡
3	系統功能下降，損失較小，對人無傷害
4	僅需要事後或計劃外維修

・採取措施和對策解決問題。根據因果、危害性分析結論，採取
如改善設計、技術改造、提高零件可靠度、裝置監控防護、定
時檢查維修等措施，規避危害風險，保障設備高效運行。

・填寫 FMEA 表格，記錄和總結失效規律，如表 11-5 所示。這
個表格既是對以往分析處理過程的記錄，又是對未來檢維修實
踐的指導。

表 11-5　FMEA 表

失效模式和影響分析——FMEA								第　頁
系統：			填表人：			日期：		
子系統 圖號	失效 模式	判定 原因	影響		檢測 方法	危害性	改進 措施	備註
			本單元	系統				

第十二章

機器設備的維修預算

1 設備修理的備件管理

在設備維修工作中，為了恢復設備的性能和精度，保證加工產品的質量，而用新制的或修復的零件來更換已磨損或老化了的機器舊件，通常把這些新制的或修復的替換零件稱為配件。為了縮短設備修理的停歇時間，使故障損失減少到最低限度，就需要在備件庫內預先儲備一定數量的配件，通常把這種配件稱為備件。

為了合理地組織備件生產（或採購），壓縮庫存，加速資金週轉，並要求及時地供應質量高、性能好、符合技術要求的備件，設備主管應加強備件的管理。

1. 備件的確定

每一台設備都由許多零件組成，其中的那些零件應列為備件呢？因為各行業（企業）的產品結構、設備類型、設備擁有量、使用條件和機修廠房（工段）加工能力都不同；地區協作和供應能力也有強弱；有

些零件在這個企業是備件，在另一個企業則不算備件。

備件應與設備、低值易耗品、材料、工具等區分開來。但是，少數物品難於準確劃分，各企業的劃分範圍也不相同，只能在方便管理和領用的前提下，根據企業的實際情況確定。所以，備件的確定要區別情況，具體分析。一般可參照下列原則規定。

(1)所有外購零件，如滾動軸承、電器、皮帶、鏈條、皮碗、油封等，列為備件。屬於低值易耗品的標準緊固件等，不應列入。

(2)消耗量大的易損零件列為備件。但有些易損零件，容易加工，可不列為備件。

(3)對可能損壞而且製造週期長、工序多、加工複雜、需要鑄鍛毛坯的零件，列為備件。

(4)經常受衝擊，容易損壞的零件，如鍛壓設備的曲軸、摩擦壓力機的蝸杆等，列為備件。

(5)由於結構不良，因拆裝而經常損壞的零件，可適當列為備件，但不能因為某些事故理由而擴大儲備品種。

(6)機型相同、台數較多的設備，其零件應列為備件，並應視其使用情況的要求，可多選擇一定品種的備件。

(7)變速箱內的部份零件，如變速箱的齒輪、軸、撥叉等，應根據傳動情況，列為備件。

(8)起保持設備精度作用的主要運動零件，如主軸、軸瓦、絲杆、七級精度以上的齒輪、蝸輪副，空壓機的曲軸、活塞、錘杆、鑽杆等，列為備件。

2.備件的分類

備件分類的方法很多，這裏主要介紹以下幾種常用的分類方法：

(1)按備件使用情況分類

①生產消耗件，是指直接參與生產技術操作過程，與產品直接接

觸的備件，如冶金企業的軋輥、鋼錠模、導位裝置、退火箱、風碴口、渣罐、鋼水包、剪機刀片等。生產消耗件中也包含與產品直接接觸的工具等。

②設備備件，是指不直接參加生產技術過程，不直接接觸產品的設備零件或部件，它的損壞主要由於機械磨損、高溫燒損、化學腐蝕、氧化等原因。在這一類中又分為：

．維修備件，是指使用壽命較短的，易於磨損、燒損、腐蝕的，一般在中、小修時更換的零件。

．事故備件，是指使用壽命雖長，但製造困難，製造週期長的零件。這種備件也叫大型事故備件。雖然在大、中修時不一定更換，但必須按定額儲備。否則，一旦發生事故，會造成設備長期停工。

⑵按零件使用特性(或在庫時間)分類

①常備件，是指使用頻率高、設備停機損失大、單機比較便宜的需經常保持一定儲備量的零件，如易損件、消耗量大的配套零件、關鍵設備的保險儲備件等。

②非常備件，是指使用頻率低、停機損失小和單價昂貴的備件。

⑶按備件的來源分類

①自製備件，在機械製造企業裏也叫專用機械零件。它是指設備製造廠自己設計和製造的備件，如齒輪、絲杆、軸瓦、曲軸、連杆、摩擦片等。對設備使用企業來說，自己有能力製造的叫自製備件，自己不能製造的叫外購備件。

②外購備件，是指設備製造廠向外訂購的配套產品。

⑷按備件的規格分類

①標準備件。如汽車、大型機械、空壓機、風機、機床備件以及其他國家通用標準設備的備品備件。標準件又稱通用件。

②非標準備件。通常也叫異型備件。

(5) 按備件的性質分類

可分為鑄鐵件、鑄鋼件、鑄鋼件鍛件、機加工件和金屬結構件等。

備件分類是對備件進行固定編號、建立編號目錄,制定備件定額,組織備件供應和對設備備件進行管理分工的依據。

3. 備件管理的內容

備件管理是指備件的計劃、生產、訂貨、供應、儲備的管理,是設備維修資源管理的主要內容。

備件管理的內容按其性質劃分如下:

(1) 備件的技術管理

備件的技術管理包括:備件圖紙的收集、測繪、整理,備件圖冊的編制;各類備件統計卡片和儲備定額等基礎資料的設計、編制及備件卡的編制工作。

(2) 備件的計劃管理

備件的計劃管理指備件由提出自製計劃或外協,外購計劃到備件入庫這一階段的工作,可分為:

①年、季、月自製備件計劃。

②外購備件的年度及分批計劃。

③鑄、鍛毛坯件的需要量申請、製造計劃。

④個別備件採購和加工計劃。

⑤備件的修復計劃。

(3) 備件的庫存管理

備件的庫存管理指從備件入庫到發出這一階段的庫存控制和管理工作。包括:備件入庫時的檢查、清洗、塗油、防銹、包裝、登計上卡、上架存放,備件的收、發及庫房的清潔與安全,訂貨點與庫存量的控制,備件的消耗量、資金佔用額、資金週轉率的統計分析和控

制，備件質量資訊的搜集等。

(4)備件的管理

備件的管理包括備件庫存資金的核定、出入庫賬目的管理、備件成本的審定、備件消耗統計、備件各項指標的統計分析等。管理應貫穿於備件管理的全過程，同時應根據各項指標的統計分析結果，來衡量檢查備件管理工作的質量和水準，總結經驗，改進工作。

4.備件管理的工作流程

備件管理的工作流程如圖 12-1 所示。

5.備件的儲備

備件的管理必須圍繞合理儲備備件這個中心展開，只有科學合理地儲備與供應備件，才能使設備的維修任務完成得既經濟又能保證進度。否則，如果備件儲備過多，造成積壓，不但增加庫房面積，增加保管費用，而且影響企業流動資金的週轉，增加產品成本；儲備過少，就會影響備件的及時供應，妨礙設備的修理進度，延長停歇時間，使企業的生產活動和效益遭受損失。

(1)備件儲備的範圍

①使用壽命（即零件的磨損及損壞週期）不超過大修間隔期的全部易損零件。

②使用壽命雖然超過了大修的間隔期，但製造工序較長，或需外協加工的，或同類型機床使用較多的零件。

③製造週期長，加工較複雜，且對設備的加工精度和性能有直接影響的精密關鍵零件。

④同類型機床較多，雖非易損件，但根據歷年資料統計，年消耗量較多的零件。

⑤關鍵設備中的關鍵零件或部件。

圖 12-1　備件管理的工作流程

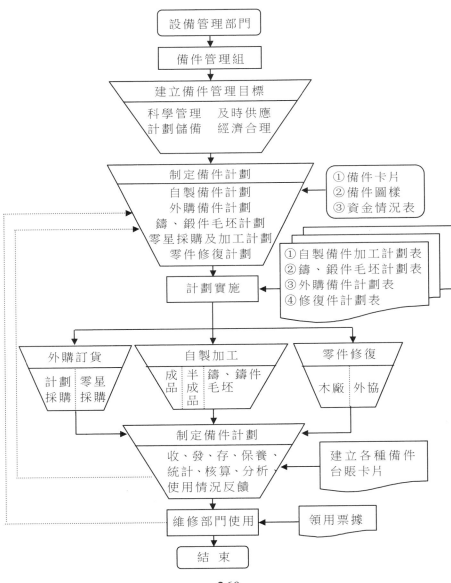

(2)備件儲備的原則

①零件的使用壽命是確定備件儲備的基本原則，而影響零件的使用壽命的因素有：設備的開動班次，設備的加工對象、生產性質和使用特點，企業對設備維護保養的水準、潤滑條件的好壞以及操作工人對設備使用操作是否合理等；設備的工作環境，安裝質量，以及安裝地點與熱加工廠房、腐蝕性氣體及震源的距離等；企業的綜合修理的技術水準和備件本身的質量等因素。

然而確定備件使用壽命最好的方法是根據企業歷年備件消耗量的統計和技術分析的方法，只有這樣才能比較準確和符合本企業的具體情況。對於零件的使用壽命不超過設備保養和檢修間隔期的，但供應製造週期在 2～3 天以上的易損件，應作備件儲備；而對於那些使用壽命大於保養、檢修間隔期且同類型設備較多的零件，可按企業年平均消耗量的多少，來決定備件的儲備品種和數量。

②根據設備在生產中所處的地位和作用，對那些在完成生產計劃方面起決定作用的，以及停台的綜合損失很大的設備，應優先考慮儲備，儲備的品種也應適當增加。

③企業同類型號設備台數多，已進行二次以上大修的，為了減少大修預檢預測的時間，應適當擴大儲備的品種。

④對那些因製造或採購訂貨週期長的精、大、稀（關鍵）設備的精密、關鍵零件，或因偶然發生的故障造成停工的綜合損失很大的精密、關鍵零件，應考慮儲備，條件好的企業應儘量採取間斷儲備。

⑤對難於訂貨和有訂貨起點數的備件，儲備量應適當放寬。

⑥在外購備件圖紙未與本企業設備零件逐一進行核對時，第一次製造時應儘量作為半成品或毛坯儲備，或先做一件試裝無誤後，才列入正式儲備。

⑦同型號不同年份生產的或不同主機製造廠生產的設備，應儘量

按台數較多的機型或主要主機製造廠的備件統一標準，以減少儲備品種和數量。

⑧不同機型的設備，但可相互借用的備件，應統一考慮儲備，註明可借的設備名稱、型號，並增加儲備的數量。

⑨設備負荷大、利用率高、工作條件惡劣及設備先天不足的以及備件製造質量差的，應適當增加備件儲備量。

⑩企業的機加工能力，強或者所在地區的供應、協作、調劑等較為有利的，應盡量減少儲備的品種和數量。

⑪新投產的企業，新投產的設備，備件的儲備品種應逐步由少到多，數量從小到大，當設備使用到一定的年限，某些零件將會出現極限磨損，就是說備件更換和消耗在某些年份出現高峰，因此在消耗高峰前，可適當增加儲備的品種和數量。

⑫由於企業的產品生產計劃的調整，使設備的開動班次發生變化以及由於設備的更新、改裝、調撥、移裝等原因，都應及時地調整備件的儲備品種和數量。

⑬進口設備的備件一般應由國內供應，能代用的應盡量採用國產的零件、元器件，若沒有則應在進口設備時就應考慮採購儲備。

各企業對上述確定備件的儲備原則不能生搬硬套，而應根據行業的性質、本企業設備構成的比例以及生產的特點，進行綜合平衡，全面權衡利弊，然後再確定備件的儲備品種與數量。

(3)備件儲備品種的確定

①根據零件結構特點、運動狀態的結構狀態分析法。就是對設備中各種結構的運動狀態進行技術分析，判明那些零件經常處在運動狀態，其受力大小，容易產生那類磨損，磨損後對設備精度、性能和使用情況的影響，以及零件的結構、質量、容易破壞的原因等，再與確定備件儲備品種的原則結合起來綜合考慮，確定出應儲備的備件項目

及數量。

②根據維修換件情況的技術統計分析法。即對企業日常維修、項修和大修更換件的消耗量進行統計和技術分析(需要積累較長時間的準確資料)，通過對零件消耗找出零件的磨損和消耗規律。在此基礎上，與設備結構、備件儲備原則結合起來進行綜合分析，確定應當儲備的備件品種和數量。

③根據同型號設備備件手冊(機械行業出版資料或行業經驗彙編)的參考資料比較法。這些方法適用於一般用設備，是參看機械行業發行的備件手冊、軸承手冊和液壓件手冊等技術資料，結合本企業的實際情況，再結合前兩種方法確定本單位的備件儲備品種。

2 維修備件的 ABC 管理

維修備件的 ABC 管理，是管理中 ABC 分類控制的應用。它是根據備件的品種規格、佔用資金和各類備件庫存時間、價格差異等因素，對品種繁多的備件進行分類排除，實行資金的重點管理。這樣，既能簡化備件的管理工作，又能提高備件管理的效益。

維修備件種類繁多，各類備件價格差別很大，需要量和庫存量的差異也不少，因而備件管理也不能一概而論，備件管理也要抓重點。

1. 備件 ABC 分類的標準

備件 ABC 分類是按備件品種和佔用資金的多少，將備件分成 ABC 三類。各類備件所佔的品種數及庫存資金如表 12-1 所示。

表 12-1　ABC 類備件所佔品種數及庫存資金分佈表

備件分類	品種數佔庫存品種總數的比重	佔用資金佔總庫存資金的比值
A 類	約佔 15%	約為 70%
B 類	約佔 25%	約為 20%
C 類	約佔 60%	約為 10%
合計	100%	100%

　　因為備件的庫存量是動態變化的，所以，在不同時刻統計的備件總庫存資金，及各備件佔用資金可能出入較大，導致按總庫存資金及各備件佔用資金對備件做 ABC 分類的誤差較大。為使備件 ABC 分類準確合理，可以依據 1 年內備件消耗總額及各備件消耗金額進行分類。因為備件的總庫存資金與備件在 1 年內的消耗總額成正比，每種備件對庫存資金的佔用量也與這種備件的消耗金額成正比。

　　(1)　A 類備件。A 類備件是關鍵的少數備件。它在品種上只佔總數的 5%～15%，而在資金上卻佔總資金的 60%～80%。這些備件一般採購、訂貨都比較困難。

　　(2)　B 類備件。B 類備件屬一般性的備件。它在品種、資金上都只佔總數的 15%～25%。這類備件一般採購、訂貨或自製都比較容易。

　　(3)　C 類備件。C 類備件是次要的多數備件。它在品種上佔總品種的 60%～80%，而資金只佔總資金的 5%～15%。這類備件採購、訂貨都非常容易。

　　2.備件 ABC 分類的步驟

　　在備件分類時，如設備不多，可按單台設備一年所需的備件分別分類；設備較多時，可將一類設備或一群設備一年所需的備件匯總，統一分類。例如按重點設備與一般設備，分別劃分出它們的 A 類、B 類、C 類備件。具體分類的程序是：

(1)計算或統計各種備件每年消耗的數量。

(2)計算各種備件每年所消耗的資金額。

(3)將備件消耗資金額按從大到小的順序排佇列表。

(4)計算有關百分比的累計數。

(5)對備件進行 ABC 分類。

3.ABC 備件的管理策略

通常 A 類備件是品種少,佔用資金大,因此對 A 類備件的儲備必須嚴加控制,應儘量縮短採購週期,增加採購次數,以利加速備件控制和加速備件儲備資金的週轉;B 類備件品種比 A 類多,佔用資金比 A 類少,因此對 B 類備件的儲備可適當控制,也就是根據維修的需要情況,可適當地延長採購週期或減少採購次數,以做到兩者兼顧;C 類備件的品種很多,但佔用的資金很少,因此對 C 類備件在資金佔用上可適當放寬控制,採購週期長一些,儲備量大一些,也不會影響備件庫存資金的使用效果。

3 設備修理的費用

1. 修理費分類

(1)機械、電氣、計測、土建方面的修理費,這是按技術類別區分在修理時使用的修理費。

(2)短期費用和長期費用。

①將所有的修理費因素(如零件、材料、作業等)、發生的次數在 6 個月內有 1 次以上的定為 Fo;在 6 個月內不會發生,而在更長週期

發生的定為 Fn。

②將費用的發生按其頻度分類，則是每期必定發生的費用，它和設備的短時期操作率也有關係。關於預算，就要選擇代表某些適當操作率的標準(管理尺度)；另一方面，還要決定代表費用傾向的標準(消費係數)，使用計算式來編制預算。另外就 Fn 的預算來說，可按固定費預算方案來編制預算。

(3)小額修理費和大額修理費。

①所謂小額修理費就是指經常會反覆發生的費用，所以其預算的編制和控制是依據在用機械日常的工作情況。

②一筆金額只集中在短期而且是非反覆費用時，要採取專款分類審核方式。在編制預算期初期已瞭解工程內容者即須在事先進行審核，列入該期預算中。

③在預算中應明確計劃的時間，可隨時進行審核。因此，對於後者，在預算上可編制一個大致的輪廓。

(4)經常性的修復費和革新費。革新費用是非常重要且有遠見的費用，因此，所準備的革新費應做到隨時可以支出。革新費用的使用效果，最好能使實施人員在維修效果測定系統上可以自行核對。

(5)財務會計上未予列入，在費用管理上要求分類的項目。修理材料費、人工費、支出修理費，這些費用在財務會計上未加區分，而應用在管理上卻是有效的分類。試舉例如下：

①零件費。新零件出庫使用時的費用。

②零件翻新加工費。為了重新加工零件所使用的費用。

③檢查、調整、修理、更換等人工的工資。

④一般材料費。指鋼材、洗油、棉絲、橡膠、塗料、密封等各種材料的費用。

⑤油費。指潤滑油、液壓油等費用。

⑥維修革新費。以防止事故、延長壽命、減少維修作業頻度等維修上的目的而進行的革新工程所支出的費用。

⑦生產革新費。以百分比、質量、產量提高等生產上的目的而進行革新工程所支出的費用。

⑧工卡具費。

2.修理費管理

(1)把修理管理的責任，委託維修部門進行獨立運用。

(2)要把修理費和停工損失納入全盤管理的範疇。

(3)修理費的管理也和其他各種要素綜合在一起，最後合併成維修效果測定制度，以實現全部最佳化為目標。

4 維修費用的編制計劃

編制好維修費用計劃是加強維修費用管理的首要環節。

1.維修費用計劃的編制

計劃的科學性是正確編制和實施計劃的關鍵，為此，維修費用計劃的編制應考慮以下幾個方面：

(1)在確保設備有良好的技術性能及提高設備利用率的基礎上編制；

(2)在提高維修質量和工作效率的基礎上編制；

(3)在選用先進技術和使用技術的基礎上編制。

維修費用包括大修理費用和日常維修費用。大修理費用計劃是企業主要設備大修計劃的重要組成部份，是每一大修理項目施工中採

用的技術組織措施、勞動效率、材料物資利用的綜合表現。應在經濟活動分析基礎上，根據先進的技術經濟定額，編制大修理費用計劃並進行經濟費用核算。日常維修費用是與設備日常維護檢修有關的一切費用。這些費用包括材料費、勞務費等，是一種生產性消耗，這些費用應由設備管理部門與財會部門進行指標分解，實行分級歸口管理，做到有計劃、有限額，並逐月進行核算。

維修費用的計劃，應根據設備的具體情況，所需修理工時定額資料及零件更換清單，使每一個複雜係數費用指標既保持一定先進性又較可行，使全廠的維修費用(包括大修、日常維修)年平均值控制在設備原值的 3%左右。

損壞或磨損嚴重的設備，應單台進行費用預算，經過預算，預算修理費超過購置原值 50%以上者，應考慮設備更新。

2.維修費用預算的制定

企業對維修費用的預算是採用企業計劃值的管理程序，管理部門與實施部門分別制定，通過雙方聯席會議的形式，分析、研討和調整相結合，取得一致意見，然後貫徹執行，力爭做到維修費用按計劃值管理，即不超出也不結餘。

制定維修費用預算所採取的原則是：

· 企業按公司經營總方針和年度的全面預算，確定本年度維修費用總資源(框架)。

· 按照產品銷售合約的多少，來確定分配給各條主作業線設備維修費用的多少。

· 在實施過程中，按季、按月不斷地對實績進行跟蹤，不斷地修正、調整，確保順利達成。

確定維修費用的方法是兩分兩合的過程，公司與部門根據各自掌握的情況和數據分別進行預算，然後合起來再進行調整；計劃與實際

根據各自實施的情況和數據分別收集資料，然後合起來再進行修正；最後再與上述總資源（框架）來平衡，做到上下一致，作為共同的目標，列入計劃值體系。

(1)企業、公司的計劃財務部門，進行「維修費用的目標預算」

根據公司經營總方針：要考慮到企業的戰略目標和中長期的發展規劃及本年度的經營指標；編制的原則：在公司經營總方針指導下，本年度企業計劃編制的重點和確保對象；生產計劃：按照產品銷售合約的多少，來確定各條主作業線設備綜合效率的高低；生產、維修成本指標：參照企業歷年來的全面預算和生產、維修的標準成本；可以通過資訊及對標（標杆）管理，與國內外同類型的先進企業和指標進行參考。

在此基礎上，從企業的決策管理部門的角度，提出本年度維修費用的目標預算。

(2)企業、公司的設備管理部門，進行「維修費用的預算草案」

根據編制部門的方針：要考慮設備的維修模式、點檢和狀態監測的統計概率、本年度要確保的主作業線的現狀、維修人員的能力以及維修資材庫存和到貨的情況；本年度維修工程計劃：按照上述要求和點檢的週期管理表來預測重大維修工程的項目；上年度維修工［程的實績：主要參照工程的項目、規模、維修過程效率和主要的績效；對維修費用的要求：［主要考慮和對比物價指數、人力資源和市場價位對維修費用的影響；維修費用實績記錄：包括維修費即 MH 值（人員數×工時數）和資材費（維修材料費＋備品配件費）的對比，觀察使用有無變化，維修效率有無變動，設備綜合效率的升降等情況對維修費用的影響。

(3)按規定的時間，雙方做完了「維修費用的目標預算」和「維修費用的預算草案」後，即可安排雙方聯席會議，可以邀請設備技術方

面相關的工程師、重點設備相關的檢修專家共同參與，分析、研討雙方的觀點，肯定雙方合理的一面，有爭議的項目可以記錄在案，不必取得一致，以此來進行調整，以取得數值上的相近或一致。

(4)總的維修費用初步確定後，再與總資源（框架）來平衡，做到上下一致，作為共同的目標，列入計劃值體系。一般的情況總是上緊下鬆，基本上能滿足各維修部門的需要。

(5)最後確定的各部門確認的「維修費用預算」數值，就像給你一個「籠子」，各主作業線的設備管理組（即各主作業線設備的點檢組）就在這個「籠子」裏作文章，按照點檢和狀態監測的結果，分門別類、按輕重緩急，列出維修項目，同時列出維修資材的購入計劃，安排好「籠子」裏的費用，提高設備綜合效率，確保本年度產品的安全生產和各項作業任務的完成。

(6)列出的項目可以委託設備維修部門進行檢修，檢修的人員在檢修前必須做好維修項目的「工時工序表」，檢修結束必須做好維修工程的實績記錄，填寫專用的「維修工程記錄表」，並交給點檢組，待到月末點檢組匯總「月維修費用實績」。

維修預算並不是維修支出，對那些能夠節約支出，節省預算又能保證設備良好運行狀態的組織，企業應給予獎勵，以推動一個良性循環。

5 設備維修費用的管理

企業根據不同情況，由設備部門和財務部門對全廠維修費用進行指標分解，對各廠房、部門實行限額控制，做到有獎有罰。各廠房的維修費用由廠房機械員具體掌握和使用，廠房內部可按維修區域分配一定的數額，而廠房留下一定數額作為應急和較多費用調換件使用。具體管理方法有：

1. 費用限額卡

見表 12-2。

表 12-2 維修費用限額卡

_____廠房

加	節餘_____
本月限額_____ 上月	本月實際可用_____元
減	超支_____

月	日	憑證	摘要	支用金額	限額結餘	經辦人

主管：　　　　　　　　　　　　　　　經辦人：

當費用發生時，逐筆登記，隨時結出餘額，定期結算。

2.維修費用結轉單

見表 12-3。

表 12-3　維修費用轉帳單

轉入廠房＿＿＿＿＿　轉出廠房＿＿＿＿＿＿　時間＿＿＿年＿＿＿月＿＿＿日

派工號	產品名稱	圖號及規格	單位	數量	工時	原材料	外購成品	工資	廠房經費	合計

廠房主任＿＿＿＿＿＿　　經管組長＿＿＿＿＿＿　　制單＿＿＿＿＿＿

當廠房領用材料或備品配件等物資時，部門之間勞務協作時都填寫此表，最後通過企業內部財務部門進行費用結算。

3.維修費用的統計核算

廠房應進行單項維修費用的核算，例如小修費用的核算，以加強對維修工人的考核。同時，還要進行單機維修費用的統計核算，即把每一台設備在一定的時間內消耗的維修費用進行累計，可以綜合評價設備的可靠性、維修性，從而評價其效益，為改善維修管理、降低維修費用提供資料。

4.設備維修費用定額

設備維修費用定額是為完成設備維修工作所規定的費用標準，也是考核維修工作好壞的標準之一。它分為維護費用定額和修理費用定額兩大內容。

⑴維護費用定額是指每一個 F 每班每月維護設備所需耗用的費用標準。單位為〔元/（F×每班每月）〕。

表 12-4　各類設備主要材料消耗定額（kg/F）

設備類別	修理類別	一個修理複雜係數主要材料消耗定額							
		鑄鐵	鑄鋼	耐磨鑄鐵	碳素鋼	合金鋼	鍛鋼	型鋼	有色金屬
金屬切削機床	大修	12	0.25	1	13.5	6.6			1.6
	項修	7	0.2	0.3	8	3		0.5	1
	定期檢查	1	0.05	0.1	2	1			0.5
鍛造設備、汽錘、剪床、摩擦壓力機	大修	11	15		12		30		4
	項修	5	3		4		7		2
	定期檢查	2			2				0.4
壓力機、液壓機	大修	19	30		17		40		8
	項修	10	7		8		10		4
	定期檢查	4			3				0.8
木工機床	大修	5			8			2	0.7
	項修	2			4.5			1	0.5
	定期檢查	0.5			1				0.2
起重設備、運輸設備	大修	6.5	7		10		3	40	2
	項修	2.5	4		4			20	1
	定期檢查	0.7	1		1.5			8	0.4
鑄造設備	大修	40	15		11				0.3
	項修	15	6		5				0.3
	定期檢查	5	2		2				0.1
空壓機	大修	3			鋼材8				鑄件2
	項修	2			鋼材4				鑄件1.5
	定期檢查	1			鋼材1.5				鑄件0.5

⑵修理費用定額是指每一個 F 進行某種修理所需耗用的費用標準。單位為元/F。成本結算對於二級保養應包括：維修工人的工資及附加費、材料費（包括備品配件費、自製備件一次攤銷費），其他部門協作勞務支出。項修和大修費用除了上述項目外，還包括廠房經費。

設備修理材料消耗定額是指完成設備修理所規定的材料消耗標準，包括修理用的各類金屬和非金屬材料的消耗定額。按設備類別不同，以耗用材料的重量計算，單位為 kC/F。

隨著設備的技術進步，大型、專用、自動化、多子系統。流程設備越來越多。這使得維修複雜係數計算變得越來越困難，也越來越不易準確。因此，對維修工作量的評價變得十分困難，這也是當今需要研究的新課題。

心得欄

第十三章

機器設備的維護保養管理制度

1 設備維護保養的計劃管理規定

第 1 章　總則

第 1 條　本規定本著以下目的制定。

(1)確保所編制的設備維護保養計劃與公司的設備管理目標相匹配，使公司的設備能力與生產能力相適應。

(2)保證所編制的設備維護保養計劃能夠使設備長時間地無障礙運行，延長設備的使用壽命。

第 2 條　本規定適用於公司各階段設備維護保養計劃的制訂。

第 3 條　凡公司所屬的設備必須納入設備維護保養計劃，不得遺漏。公司新進設備及技改設備須及時納入設備維護保養計劃中。

第 2 章　設備維護保養計劃的編制

第 4 條　公司的設備保養計劃由設備維護主管負責制訂，經設備部經理及主管副總審批後執行。

第 5 條　公司的年設備維護保養計劃應於每年的 12 月 20 日之前編制完成,同時附上設備年維護保養預算清單,並交相關人員審核。

第 6 條　批准的設備維護保養計劃由設備維護主管分解到月,月設備維護保養計劃原則上不變,出現例外事件(如設備的突發故障、突發時間對設備造成損壞等)時,設備維護主管應在修訂月保養計劃之前提交報告,經審批同意後方可修改計劃。

第 7 條　設備保養專員負責收集、整理、分析設備保養記錄,提供準確的設備維護保養數據供設備維護主管制訂計劃。

第 8 條　制訂設備維護保養計劃時需要收集以下資料。

(1)設備使用說明書。

(2)設備保養記錄。

(3)設備生產的產品要求。

(4)設備所處的生產環境。

(5)公司新進設備、技改設備的工作計劃。

第 9 條　設備維護主管所執行的設備維護保養計劃應充分考慮到公司的設備狀況及生產要求,儘量使二者之間保持平衡,不影響公司的生產。

第 10 條　公司的設備維護保養計劃必須包括但不限於以下內容。

(1)設備維護保養的具體時間。

(2)設備維護保養的執行人員及監察人員。

(3)設備維護保養的標準。

(4)設備維護保養的鑒定說明。

第 3 章　設備維護保養計劃的執行

第 11 條　經審批同意的設備維護保養計劃由設備部發放到相關部門,作為相關部門制訂其部門計劃的參考依據。

第 12 條　設備維護主管負責監督設備維護保養計劃的執行，不定期地巡視設備的維護保養狀況，及時糾正設備維護保養中的不規範操作。

第 4 章　設備維護保養計劃的變更

第 13 條　出現下列情形之一時，設備維護保養計劃需要變更。

(1)引進設備數量或技術改進設備的數量超過 3 台。

(2)生產計劃變更。

(3)產品生產要求變更。

(4)生產環境變更。

第 14 條　設備維護保養計劃需要變更時，設備維護主管應及時編制申請報告，說明計劃變更的理由及後續安排，並報相關人員進行審批。

第 15 條　審批同意後的設備維護保養計劃由設備部及時通知相關部門及責任人，設備維護主管應監測更改計劃的實施。

2 設備維護保養工作規程

第 1 章　總則

第 1 條　為規範公司設備維護保養的管理行為，確保設備的長期平穩運行，並延長設備的使用壽命，特制定本規程。

第 2 條　本規程適用於對公司所有設備進行維護保養時的相關事宜。

第 2 章　設備維護保養職責

第 3 條　公司設備的維護保養所涉及到的主要人員為設備維護主管、設備保養專員與設備操作人員。

第 4 條　設備維護主管的職責如下。

⑴根據相關資料制訂設備維護保養計劃。

⑵培訓設備操作人員設備維護保養方面的知識。

⑶監督設備維護保養計劃的落實與執行。

⑷定期檢查設備的維護保養工作並進行評比。

第 5 條　設備保養專員的職責如下。

⑴掌握設備的運行狀況。

⑵負責設備的二級維護保養工作。

⑶督導設備操作人員的設備維護保養工作。

⑷檢查設備的維護保養記錄，並定期收集、整理、分析。

⑸負責備用設備的維護保養工作。

第 6 條　設備操作人員的職責如下。

⑴嚴格執行設備的操作規範，做好設備維護保養的記錄。

⑵負責設備的清理、清掃工作。

⑶監測設備的運行，發現問題應及時上報。

第 3 章　設備維護保養的準備工作

第 7 條　設備維護主管應編制維護保養方案，將設備的保養工作落實到具體的人員，並制定相應的考核方案。

第 8 條　設備保養專員應提前製作好設備的各種維護保養記錄表單，並準備好設備養護的工具及用品。

第 9 條　設備維護保養人員應在設備的週邊製作設備維護保養看板，看板上應有設備維護保養的基本要點及程序示意圖。

第 10 條　設備維護主管應在操作人員上崗前對其進行技術培

訓，使其掌握設備的結構、性能、操作、保養規定等，達到「三懂」（懂結構、懂原理、懂性能）、「四會」（會使用、會檢查、會維護、會排除故障）的要求。

第 11 條　在設備使用前，設備保養維護人員應會同設備維修人員及技術部相關人員對設備的精度、性能、安全、控制等進行全面的檢查與核對，確保無誤後方可進行使用。

第 12 條　設備操作人員在上崗前必須取得上崗證，確定崗位的同時需要確定所操作的設備，不得隨意調換。

第 4 章　設備維護保養實施

第 13 條　設備保養的日常工作由設備操作人員負責，設備操作人員必須按照設備的保養規範進行設備的維護保養工作。

第 14 條　每日下班前，設備操作人員應詳細填寫設備完整的維護保養記錄，並說明設備的運行狀況，此項工作由設備保養專員對其進行檢查。

第 15 條　設備保養專員應定期收集設備的維護保養資料，並進行整理、分析，編制設備維修保養報告。

第 16 條　設備維護主管應認真審閱設備維修保養報告，檢查設備的維護保養記錄，根據記錄在必要時更改設備的維修保養規範，使設備的維護保養方式更加合理化。

第 5 章　設備維護保養規範

第 17 條　設備的維護保養分為日常維護保養、一級維護保養與二級維護保養三個級別。其中日常維護保養又分為每班保養與節假日保養。

第 18 條　設備的每班保養的規範。

⑴設備操作者在上班前應對設備進行點檢，查看有無異狀並檢查上個班組的設備運行記錄。

⑵設備操作人員應在設備啟動前按照設備潤滑圖示的規定對設備進行潤滑處理。

⑶設備操作人員在確保設備無誤後進行設備的空車運轉,待設備的各個部份運轉正常後方可進行工作。

⑷設備操作人員在設備的運行過程中要來回巡檢,發現設備異常立即進行停機處理,並及時通知設備保養專員。

⑸每日下班前,設備操作人員應檢查設備運行記錄是否填制完整,並用 20 分鐘左右的時間清理設備、清理工作場地,確保設備的乾淨、整潔。

第 19 條　遇公司的節假日,設備操作人員應花費一個半小時左右的時間徹底地清洗設備、清除油污,進行潤滑及環境清理,並由設備保養專員進行檢查。

第 20 條　設備的一級保養規範。

⑴設備的一級保養原則上以三個月為週期。

⑵設備的一級保養以操作人員為主、設備保養專員為輔。

⑶設備一級保養的操作要點如下所示。

①拆卸指定部件、箱蓋及防塵罩等,對其進行徹底清洗。

②疏通油路、清洗篩檢程式,更換油線、油氈、濾油器、潤滑油等。

③補齊手柄、手球、螺釘、螺帽、油嘴等機件,保持設備的完整。

④緊固設備的鬆動部位,調整設備的配合間隙,更換個別易損件及密封件。

⑤清洗導軌及各滑動面,清除毛刺及劃痕。

第 21 條　設備的二級保養規範如下所示。

⑴設備的二級保養原則上每半年進行一次,也可在生產淡季進行。

⑵生產設備的二級保養以設備保養專員為主、操作人員為輔。

⑶生產設備二級保養的操作要點如下。

①對設備的部份裝置進行分解並檢查維修，更換、修復其中的磨損零件。

②更換設備中的機械油。

③清掃、檢查、調整電氣線路及裝置。

第 6 章　特殊設備的維護保養

第 22 條　公司的特殊設備主要指公司的「精密、大型、稀有」設備。

第 23 條　日常工作中，設備維護保養人員需要指導設備操作人員不斷整理公司特殊設備所處的環境，使設備的運行環境滿足特殊設備的運行要求。

第 24 條　特殊設備操作人員在設備的日常保養中必須嚴格遵守設備養護規範，不得隨意拆卸部件，特別是精密部件。

第 25 條　特殊設備保養中所使用的潤滑品、擦拭材料及清洗劑等必須按照設備使用說明書中的規定使用，不得隨意更換。

第 26 條　特殊設備在運行中若出現異常現象應立即停機，並向設備保養專員報告，不允許帶病運行。

第 27 條　特殊設備不進行工作時應對整機或關鍵部位罩上護罩，如長期停用，也必須定期擦拭、潤滑及空運轉，防止設備零件的腐蝕、受損。

第 28 條　特殊的附件及保養工具應設立專櫃由設備操作人員妥善保管並保持清潔，以防丟失和銹蝕。

第 29 條　特殊設備保養時的「四定」。

⑴定使用人員。特殊設備的使用人員應選取技術水準高、責任心強的人員擔任，並保持穩定，無故不得更換。

⑵定檢修人員。特殊設備的檢修人員應固定，使其熟悉、積累此類設備的檢修經驗，能快速、準確地處理問題。

⑶定操作維護規定。由設備維護主管會同技術部相關人員根據各設備的特點逐台編制維護保養規範並嚴格執行。

⑷定保養計劃及備件。設備維護主管根據每台設備對生產的影響分別確定每台的保養計劃及方式，保證設備維修時備件的及時供應。

3 設備潤滑管理制度

第 1 章　總則

第 1 條　為規範公司的設備潤滑工作行為，確保生產設備的正常使用和生產的正常有序運行，特制定本制度。

第 2 條　本制度適用於公司所有設備的潤滑管理事項。

第 3 條　公司潤滑管理中設備維護主管負責制訂設備潤滑的相關規範及計劃，設備保養專員負責監督實施，設備操作人員負責設備的日常潤滑。

第 2 章　設備潤滑的準備工作

第 4 條　設備維護主管應根據設備的特點及運行要求制定設備的潤滑規範，並編制成文，經相關人員審批同意後下發。

第 5 條　設備操作人員上崗前應經過設備維護主管關於設備潤滑方面的培訓。

第 6 條　設備維護主管應將設備按照一定標準分類，並根據其類別特點制定相應的設備「五定」潤滑圖表，張貼於設備管理看板上。

第 7 條　設備潤滑的「五定」包括以下內容：

⑴定點。規定潤滑部位、名稱及加油點數。

⑵定質。規定每個加油點的潤滑油(脂)的種類及名稱。

⑶定時。規定潤滑時加、換油的時間。

⑷定量。規定設備潤滑時每次加、換油的數量。

⑸定人。規定每台設備潤滑的負責人。

第 8 條　設備保養專員在所有設備在交付使用前都應協同相關人員清理設備，保證設備潤滑管道、油口、濾油網的乾淨、無雜物。

第3章　設備潤滑用具

第 9 條　設備保養專員負責統一領取設備潤滑的用具，登記造冊後發放到設備操作人員手中。

第 10 條　設備的潤滑工具由設備操作人員負責妥善保管、使用，遇有報廢或遺失時需要及時通知設備保養專員，重新領取。

第 11 條　設備保養專員需要記錄潤滑工具的發放原因。若因個人原因造成潤滑工具報廢或遺失，且潤滑用具在使用週期之內時，設備保養專員需要通知財務部從責任人員的工資中扣除需要賠償的數額。

第 12 條　設備操作人員使用的設備潤滑油或潤滑脂應按照規定的量領取，避免造成浪費。

第 13 條　設備保養專員應定期檢測潤滑油或潤滑脂的種類，以防止變質的潤滑油(脂)滲入到設備中。

第4章　設備潤滑的執行

第 14 條　設備操作人員在設備啟動前需要檢查設備潤滑系統，具體檢查內容如下。

⑴根據油位指示計檢查油箱容量，確保潤滑油的液面是否保持在上限記號附近。

⑵根據油溫計檢查油箱的油溫,確保油溫符合設備的使用要求。

⑶通過壓力錶檢查壓力是否正常。

第 15 條　在設備的運行過程中,設備操作人員需要認真執行設備潤滑的規範,並做好潤滑記錄。

第 16 條　設備維護管理專員需要巡檢設備的潤滑規定執行情況,發現問題及時處理。

第 17 條　設備操作人員需要監測設備的整體潤滑情況,發現潤滑異常時應立即停止運行,並上報情況。

第 18 條　設備操作人員對設備進行潤滑時需要注意油桶、油具、加油點與潤滑油(脂)的清潔,防止因潤滑用具不潔導致油路堵塞。

第 5 章　潤滑油(脂)的更換

第 19 條　設備維護主管與專員應積極學習新的潤滑技術,做好潤滑新技術和油品的更新換代工作。

第 20 條　設備保養專員需要定期檢測設備中的潤滑油的品質,防止潤滑油受到外界灰塵、水分、溫度等因素的影響而產生變質。經檢驗後油品不符合設備使用要求時需要及時更換潤滑油(脂)的種類。

第 21 條　設備潤滑油(脂)的更換需要列入設備維護保養計劃中,並經過試驗,確保安全後才可進行更換。

第 22 條　更換潤滑油(脂)前必須清理設備的潤滑管道,確保潤滑管道的乾淨、暢通。

第 6 章　設備潤滑安全

第 23 條　設備保養專員在日常巡檢設備時需要注意安全,只允許在規定的通道上行走,不得跨越傳動裝置和運輸帶。設備停車以前,不得用手及其他物品伸入油箱檢查。

第 24 條　設備清洗換油前,需要由電工配合將電路切斷,並在開關處掛上「禁止合閘」的標牌。

第 25 條　設備保養專員在檢查設備潤滑系統供油情況時，必須由設備操作人員啟動設備，不得擅自啟動。

第 26 條　設備操作人員需要注意油桶及油車的運輸安全，並保持現場的衛生。加完潤滑油後需要及時清理地面上的油污物，防止其著火。

設備防腐管理制度

第 1 章　總則

第 1 條　為加強公司設備的防腐蝕管理，防止和減緩生產設備受腐蝕介質的侵蝕與破壞，延長設備使用壽命，同時確保安全生產，特制定本制度。

第 2 條　本制度適用於公司在設備防腐管理方面的相關事項。

第 2 章　組織與分工

第 3 條　設備維護主管負責制訂設備防腐規範與設備防腐計劃，並對設備的防腐工作進行技術指導，設備保養專員負責設備防腐的具體管理工作。

第 4 條　設備維護主管應組織相關人員（如技術人員）不斷地調查設備的腐蝕與防護問題，分析設備腐蝕原因及防護方法，總結設備的防腐經驗與技術。

第 5 條　設備操作人員在日常工作當中需要注意設備的防腐問題，並按照設備的防腐要求進行操作。

第 3 章　防腐檔案與技術

　　第 6 條　凡被介質腐蝕的設備、管道，由設備保養專員建立設備的防腐檔案和卡片，註明設備的名稱、型號、工作溫度、壓力、物料介質、性能、防腐措施及施工日期、工作狀況、檢修情況、所用技術內容。

　　第 7 條　設備維護主管應根據設備的腐蝕狀況和公司現有的施工條件，在每年的 7 月 15 日之前編制下個年的設備防腐計劃，其中需要附帶設備的防腐預算。

　　第 8 條　採用新的設備防腐材料或防腐技術時，必須經過小型試驗與中型鑒定，提供科學的數據後才可用於設備之上。

　　第 9 條　設備進行技術改造或零件更換時，需要考慮到耐腐蝕材料的應用。

第 4 章　設備防腐要求

　　第 10 條　公司的所有設備都應考慮到防腐要求，已進行防腐處理的設備不得隨意取消或修改其防腐措施，確定需要修改的，由設備維護主管提供修改方案，經技術部鑒定後，交主管副總審批，審批同意後，才可修改。

　　第 11 條　已進行防腐處理的設備，需要設備保養專員定期檢查，按計劃檢修。改進設備的防腐措施時，應結合設備的防腐計劃進行，以提高工作效率。

　　第 12 條　設備操作人員需要檢測設備的運行，防止出現「跑、冒、滴、漏」現象。設備檢修時需要放掉廢氣、汙液時，設備操作人員需要按照規範進行處理，防止其對設備造成腐蝕。

　　第 13 條　設備停止使用時，應進行防腐處理，如倒空、吹洗等。

　　第 14 條　有防腐層的設備，嚴禁焊接構件，確需焊接時，要有可靠的措施或焊後重新進行防腐處理。

第 15 條　設備保養專員需要對設備的易腐蝕部位進行特護，並定時監測，發現問題及時處理。

第 16 條　嚴禁錘擊、敲打非金屬設備和裝有防腐層的金屬設備。

第 17 條　設備出現腐蝕現象後，設備保養專員應及時將情況上報，並認真研究腐蝕原因及腐蝕速度，有針對性地採取防腐措施。

第 5 章　設備防腐檢驗與記錄

第 18 條　設備保養專員應與設備部其他人員及公司技術部人員每半年對設備的防腐措施進行統一檢查和鑒定，並出具鑒定報告。

第 19 條　設備腐蝕定期檢查內容如下所示。

(1)腐蝕類型、產物地分析，腐蝕的深度與焊縫情況分析。

(2)通過技術手段檢測設備防腐層的脫落、老化、磨損現象。

第 20 條　設備的防腐檢查過程及結果應詳細記錄，其記錄檔案一式兩份，由生產工廠與設備部份別保存。

第 21 條　設備的操作人員在設備的日常維護保養中也需要監測設備關鍵部位的防腐，並記錄檢測結果，形成設備的防腐檔案。

第 22 條　設備保養專員需要定期收集設備防腐檢測檔案，對出現變化的設備需要重點關注，分析原因，並研究解決對策。

心得欄

5 設備點檢管理規定

第一章　總則

第 1 條　為規範公司對設備點檢的管理，通過設備的點檢掌握設備的運行狀態，維持並改善設備的工作性能，延長設備的使用壽命，特制定本規定。

第 2 條　本規定適用於對公司設備點檢方面的管理。

第二章　點檢準備

第 3 條　設備維護主管負責制定設備的點檢標準，點檢標準應包括以下 4 個方面的內容。

(1)設備列入點檢管理的部位、項目、內容。

(2)進行點檢時設備正常數值的判定標準。

(3)設備的點檢週期、點檢的方法及進行點檢作業的工具。

(4)日常點檢與定期點檢的人員分工。

第 4 條　設備的點檢標準分為設備給油脂標準、日常點檢標準與定期點檢標準，設備管理員應根據生產環境、設備使用時間、設備實際狀態等變化不斷地進行更新。

第 5 條　在相關人員進行點檢作業前，設備維護主管需要確定以下方面的內容。

(1)定點。

設備維護保養人員應根據設備的運行狀態及歷史記錄掌握設備的故障點及關鍵點，並將其單獨挑出來，作為設備點檢的要點。

⑵定範圍。

設備維護保養人員應根據設備的故障記錄確定需要點檢的設備並編制需點檢的設備清單。

⑶定項目。

設備維護保養人員應確定、選擇設備點檢所需要的項目，具體項目內容如下。

①日常點檢，包括點檢、修理、調整、清掃、給油、排水等項目。

②定期點檢，包括編制標準、編制計劃、落實計劃、設備費用的掌握、故障的分析與處理、改善設備故障的研討、與操作人員的溝通等項目。

③精密點檢，包括精密點檢與日常診斷、設備故障調查、設備綜合性調查、施工記錄與試運轉記錄、購入關鍵零件的管理、精密點檢器具的管理等項目。

⑷定人員。

設備的點檢在原則上需要固定的人員以方便設備的維護保養，對設備點檢員的要求如下。

①日常點檢員（即設備操作人員）。要求掌握較深的技術知識與操作技能、能夠排除簡單的設備故障並注重設備信息的收集、處理。

②設備的專職點檢員。一般由設備保養專員兼任。

③精密點檢員，精密點檢員不固定，一般由工程技術人員組成，必要時可邀請行業內外的技術專家組成精密點檢小組，進行設備診斷。

⑸定週期。

設備維護保養人員在考慮到設備的安全運行、設備的生產製造技術及設備的負荷、損耗等基礎上，試確定設備的點檢週期並經過多次點檢驗證，找出設備的最佳點檢週期。

(6)定方法。

設備維護保養人員需要根據設備品種、生產產品、使用年限及精度要求確定設備點檢的合理方法。

(7)定標準。

設備維護保養人員在綜合考慮設備、生產技術、生產環境等基礎上，確定設備點檢時需要達到的標準。

第 6 條　在設備點檢前，設備保養專員需要根據設備點檢的要求編制設備點檢表及設備點檢記錄表，以方便設備點檢信息的掌握。

第 7 條　設備保養專員需要在重要設備的醒目位置張貼設備的點檢示意圖，在必要的情況下，還需使用看板的形式說明設備故障的處理流程與處理方法。

第三章　點檢計劃

第 8 條　設備維護主管應根據相關資料在每年的 7 月 20 日之前制訂設備的年點檢計劃並上報，經相關人員批准後，將其分解到月。

第 9 條　設備點檢計劃的編制依據如下所示。

(1)給油脂標準衍生的給油脂計劃。

(2)日常點檢標準衍生的日常點檢計劃。

(3)定期點檢標準衍生的定期點檢計劃。

第 10 條　設備維護主管所制訂的設備點檢計劃應包括以下內容。

(1)需要點檢的設備的名稱、點檢部位及點檢內容。

(2)需點檢設備的點檢標準與點檢日期。

(3)需點檢設備的點檢人與點檢方法。

第四章　點檢實施

第 11 條　設備的操作者應按照設備的點檢要求、點檢計劃及點檢標準按時、高品質地完成設備的點檢任務，並認真做好記錄，記錄

不允許中斷。

第 12 條　設備的操作者應在每週五的下午與每月底編寫一份設備缺陷及改進報告，報告中若無好的改進建議也可只寫設備目前存在的缺陷。

第 13 條　設備保養專員應不定時地巡視設備，對重要設備應親自進行重覆點檢，確保設備的平穩運行。

第 14 條　點檢人員在點檢中發現設備故障時應立即停機，並通知設備維修人員，不允許設備帶病運行，防止小故障升級為大故障。

第 15 條　設備保養專員除負有監督、指導操作人員的設備點檢行為的責任外，還負責檢查維修後的設備，評價維修人員的工作。

第五章　點檢檢查與考核

第 16 條　每週末及每月末設備保養專員應收集設備點檢記錄並進行分析，對判斷存在隱患的設備要進行重點檢查，防止出現故障而影響生產的正常進行。

第 17 條　設備保養專員應隨時抽查操作人員的點檢記錄，防止其弄虛作假。

第 18 條　設備保養專員在巡檢的過程中，對夜間緊急處理過的或臨時處理過的設備部位應進行詳細的檢查，防止留下隱患。

第 19 條　公司對設備的點檢進行績效考核，具體考核部門為公司的人事部，其內容可參照人事行政部的考核表。

第 20 條　設備點檢的主要考核內容主要有以下 4 個方面。

(1)點檢的工作態度與服務。

(2)點檢人員的出勤、遵守紀律、操作規範的狀況。

(3)點檢的工作技巧與方法、點檢的能力與水準。

(4)點檢的工作效率、效果失誤與差錯狀況。

6 設備故障管理制度

第 1 章　總則

第 1 條　為規範公司的設備故障管理行為,盡可能地減少設備故障的發生次數和降低設備故障發生後的維修成本,以延長設備的折舊時間,特制定本制度。

第 2 條　本制度適用於涉及公司設備故障管理的所有事項。

第 2 章　設備故障管理內容

第 3 條　公司設備的故障管理內容主要分為設備故障前的管理工作、設備故障後的管理工作與設備故障記錄的管理工作三部份內容。

第 4 條　設備故障前的管理工作是指通過對設備與運行狀態的監測與診斷,判斷設備有無劣化情況。發現設備的潛在隱患,須及時進行預防維修,以防止設備故障的發生。

第 5 條　設備故障後的管理工作是指在設備故障發生後,及時分析設備的故障原因,研究解決方案,採取相關措施排除故障或改進設備,以防止設備故障的再次發生。

第 3 章　設備故障前管理要求

第 6 條　設備維修管理人員需要做好設備的宣傳培訓工作,使設備使用人員與設備維修專員能夠自覺遵守設備的操作、檢測、檢修等相關規章制度。

第 7 條　設備維修管理人員應根據本企業的生產現狀與設備的基本資料、運行狀態及特點確定設備故障管理的重點。

第 8 條　設備維修管理人員需要確定設備檢查的工作規範，明確界定設備正常、異常與故障的界限。

第 9 條　設備維修人員應有計劃地採用設備檢測工作與診斷技術對設備進行全面的檢修，及時發現設備的劣化徵兆與劣化信息。

第 10 條　設備維修人員在檢測設備時需要著重掌握設備容易引起故障的部位、機構和零件的技術狀態以及設備的異常信息。

第 11 條　為迅速查找設備故障的原因及部位，設備維修管理人員除需要培訓維修管理專員掌握一定的設備電氣、液壓等基本知識外，還需要將設備的常見故障、分析步驟、排除方法等編制成設備故障查找程序說明書，以便設備維修專員能夠及時查找、排除故障。

第 4 章　設備故障後的管理要求

第 12 條　設備維修人員接到設備故障的信息後，需要立即趕往現場排除故障，以免影響生產進度。

第 13 條　設備維修人員的設備故障處理程序如下。

(1)分析設備故障的原因。　(2)擬定設備故障的排除方案。

(3)排除設備故障。　(4)請求驗收處理過故障的設備。

(5)詳細記錄設備故障的處理情況。

第 14 條　設備維修人員維修完設備後，應根據設備的種類及故障原因對設備故障進行分類，並擬出相關的解決對策，避免此類故障的再次發生。

第 15 條　設備維修人員遇到有代表性的設備故障後，在維修完設備後，應將此次故障及時編入設備故障查找程序說明書中，使其不斷完善。

第 5 章　設備故障的記錄

第 16 條　設備故障的記錄工作是設備故障管理的重要組成部份，其內容包括設備請修單、設備檢修記錄表、設備維修記錄表、設

備維修驗收單等內容。

第 17 條　設備維修經理應指派專門人員進行設備故障記錄的管理工作，設備故障記錄的管理人員應及時收集與設備故障有關的設備檢修、維修信息。

第 18 條　設備維修管理人員需要定期查詢設備的故障記錄，根據記錄的內容分析設備的故障頻率、平均故障間隔期及設備的故障規律，以便提前安排設備的檢修工作，提高設備檢修與維修工作的效率。

第 19 條　設備維修管理人員需要根據對設備故障記錄的統計分析，繪製設備故障的統計分析圖表(如單台設備故障的動態分析統計表)，作為設備維修人員在設備檢修時的目視管理工具之一。

第 20 條　設備故障的原始記錄由指定的人員進行保管且不允許外借，設備維修人員需要借閱時應辦理規定的手續並且只提供影本。

第 21 條　設備故障的原始記錄不允許任何人銷毀，確需要銷毀時必須得到設備部經理與主管副總的審批同意，並且原則上設備故障原始記錄的保存時間必須達到五年才可銷毀。

7 設備自修管理辦法

第 1 章　總則

第 1 條　為規範公司對設備維修的管理行為，確保公司的設備修理有章可循，延長設備的使用壽命，保證公司的持續生產能力，特制定本辦法。

第 2 條　本辦法適用於公司自身進行設備維修時的相關事宜。

第 3 條 本辦法中的設備維修是指採用技術手段與管理行動，對生產設備進行檢查、調整或更換零件，使生產設備能夠恢復其功能或精度的技術活動。

第 4 條 生產設備的自行維修類別分為大修、中修與小修，設備維修的管理人員應根據設備的實際使用情況與現狀合理選擇。

第 2 章 設備維修計劃

第 5 條 設備維修經理負責編制公司的年、季及月設備維修計劃並報相關負責人審批。

第 6 條 設備維修計劃的編制程序如下。

(1)收集資料。

設備維修人員主要收集以下兩個方面的資料。

①生產設備技術狀況方面的資料。

②編制維修計劃需要瞭解的信息，如設備修理工時定額資料、需修設備目錄及設備的備件庫存狀況。

(2)編制維修計劃草案。

在編制維修計劃草案時需考慮以下四個方面。

①考慮公司的總體生產狀況及對設備的要求。

②結合生產現狀考慮大修與中修的可能性。

③確定公司必須列入維修計劃的需修設備。

④編制維修進度時，考慮需修設備的輕重緩急。

(3)維修計劃的平衡。

設備維修經理應將編制好的設備維修計劃管理草案送各個部門（如技術部、財務部等）徵求意見，根據相關部門的意見對設備維修計劃進行修訂。

(4)維修計劃的審核。

正式的維修計劃應報設備部經理進行審核，由主管副總進行審

批。

第 7 條　設備維修計劃的編制主要是依據以下四個方面的內容。

(1)設備的技術狀況。

(2)公司的產品技術對設備的要求。

(3)生產安全與環保對設備的要求。

(4)設備的維修週期與維修間隔區。

第 8 條　對未列入設備維修計劃但必須進行維修的設備，設備使用部門應提前通知設備管理單位，以進行設備維修計劃的調整。

第 9 條　年設備維修計劃必須在每年的 12 月 25 日之前上報，季與月維修計劃必須於季末或月末的 27 日之前上報下季或下月的設備維修計劃。

第 3 章　設備維修準備

第 10 條　設備維修人員在進行設備維修前應掌握生產設備的具體劣化程度與設備將要生產產品的技術要求，並準確把握設備的磨損程度及需要的更換件和修復件。

第 11 條　設備維修人員在設備維修前應對將要維修的設備進行調查，具體的調查瞭解內容可通過以下的管道獲得。

(1)設備檔案。

(2)向設備操作者瞭解情況。

(3)按設備的出廠精度標準檢驗設備的精度並進行記錄。

(4)實測設備磨損部位的磨損量及可視部件的磨損。

(5)檢查設備的狀況，包括油路、潤滑、電氣等部件。

第 12 條　設備維修經理應根據所調查瞭解的設備狀況編制設備維修技術文件，主要包括以下兩個方面的內容。

(1)維修說明書，主要包括維修內容、維修部件明細、所需材料明細及維修品質標準。

(2)維修技術說明。

第 13 條　在設備維修之前設備維修管理人員應核對設備維修時所用到的物料、工具及零件，並根據維修技術文件中的清單進行逐項核對，若公司無庫存應填制申購單遞交採購部，由採購部進行購買。

第 14 條　設備維修經理所編制的設備維修作業計劃應詳細說明設備維修的具體時間、參與人員、所需時間，維修的主要內容、次序，所使用的場地、儀器等相關內容。

第 4 章　設備維修作業

第 15 條　生產設備的使用單位應在規定日期將設備移交給設備維修人員，並填制設備交修單，雙方確認無誤後完成設備的交接。

第 16 條　如果在生產現場進行自行維修，生產設備的使用部門在移交設備前應將生產現場清理乾淨，騰出維修所需要的場地，移走佔地的成品與半成品。

第 17 條　設備維修人員在檢查設備後，應儘快提出需要進行臨時加工的配件清單，並交相關部門進行準備。

第 18 條　設備檢查中發現新的問題時，設備維修的管理人員應儘快出具設備維修的技術文件及技術、品質要求，方便維修人員的修理，保證設備維修的進度。

第 19 條　對於本公司能夠生產的臨時配件，生產部應安排專人進行配件的生產，滿足維修作業的需要。

第 20 條　各工廠的主任應根據設備維修作業狀況進行生產的調整，並積極配合維修作業，防止發生窩工、怠工現象。

第 5 章　設備維修驗收與費用

第 21 條　設備維修完畢後，維修人員應進行空轉試驗及精度檢驗的自測，發現問題及時調整。

第 22 條　負責設備驗收的部門應在設備的空運轉試驗、負荷試

驗及精度驗證後才可辦理驗收手續。

第 23 條　設備維修驗收通過後維修人員應與生產工廠辦理設備交接手續，並填寫設備維修報告，由生產工廠、驗收部門進行簽字確認。設備維修報告一式三份，維修人員自留一份，驗收部門留一份，設備部留一份。

第 24 條　設備維修完成後，設備維修管理人員應進行設備維修的財務核算，並報財務部進行相關的財務處理。

8 檢修安全管理制度

第 1 條　為加強設備檢修中的安全管理，防止出現安全事故，造成人員傷亡，特制定本制度。

第 2 條　本制度適用於設備檢修中對檢修安全的管理。

第 3 條　設備檢修實行安全責任制。每次設備檢修過程中必須指定一人為設備檢修安全方面的負責人。全權處理設備檢修時安全方面的問題。

第 4 條　設備檢修時採用安全一票否決制，即若設備檢修中存在安全隱患，必須立刻停止檢修，待安全隱患排除後才可繼續進行工作。在安全隱患存在的前提下，任何人無權命令設備檢修人員進行設備檢修。

第 5 條　設備檢修計劃中應有關於檢修安全方面的明確條款，規定設備檢修時的安全措施、安全注意事項及安全負責人。

第 6 條　設備檢修管理人員在檢修前，要組織檢修人員做好檢修

機具準備，做到機具齊全、安全可靠，對起重吊裝工具等設備進行檢查試驗，確保整個檢修過程的安全。

　　第 7 條　在檢修易燃易爆、有毒有害、腐蝕性物質的設備時，檢修安全負責人必須確認檢修的設備已完成清洗置換工作，且工作達標後方可進行檢修作業。具體設備的清洗置換工作由設備所屬生產單位負責。

　　第 8 條　進行易燃易爆、有毒、有腐蝕性的物質和蒸汽設備管道檢修時，檢修安全負責人必須確認物料出入口閥門已切斷，且由設備所屬工廠進行隔離。

　　第 9 條　設備檢修人員與生產單位辦理設備的交接手續時，設備檢修安全負責人需要檢查設備清洗、置換、電氣、物料處理等方面，確認其全面合格後才可辦理交接手續。

　　第 10 條　設備檢修人員應在設備檢修工作開始前檢查、核對設備檢修的安全狀況，全部符合設備檢修安全要求後，才可進行工作，否則可以拒絕工作。

　　第 11 條　設備檢修中的基本安全要求。

　　(1)檢修人員在檢修中，必須嚴格遵守檢修規程和各種安全技術規程（如高空作業、土方工程、吊裝作業、焊接等）。

　　(2)凡對需要使用電的設備進行檢修時，必須首先切斷電源，並在電源處的醒目位置懸掛「禁止合閘」的警告牌。

　　(3)檢修人員檢修貯罐、設備管道時，要在已切斷的物料管道閥門處設「禁止開動」的警告牌。

　　(4)設備檢修人員在設備檢修中使用臨時用燈必須採用低壓 36伏。貯罐、設施、溝道、潮濕場所採用 12 伏，絕緣要良好，使用電動工具要可靠接地。

　　第 12 條　所有參加設備檢修的人員必須服從指揮，做到「四不

做」，如下所示。

(1)檢修安全措施不落實不工作。

(2)起重設備工具不合格不工作。

(3)高空作業和多層次交叉作業無防護措施不工作。

(4)沒有明確檢修任務不工作。

第 13 條　設備檢修人員在檢修過程中需要拆除設備的零件時應注意安全，設備出現下列情形之一時，檢修人員不得拆除設備，否則後果自負。

(1)設備沒有進行卸壓。

(2)設備的電源未切斷。

(3)設備的溫度過高或過低。

(4)設備的拆除工具不合格。

第 14 條　凡處於檢修中的設備，應在設備的醒目位置寫上「正在檢修」字樣，以防止不知情的員工開動設備。

第 15 條　設備檢修期間需要拆除設備部件時應將拆下的設備部件放於合適的位置並固定好，防止砸傷人。

第 16 條　需要檢修的設備部件若過大或過重，應使用起重設備進行操作，禁止人員手工搬運。

第 17 條　設備的檢修期限超過一個工作日時，應將存在危險的設備週圍用隔離帶進行隔離，並禁止人員進入。

第 18 條　檢修人員從事有毒有害的設備檢修時，要備好防護器具和急救藥品，以備急用，同時應配備專門的監護人員。

第 19 條　檢修結束後，檢修人員要清理好場地，對搭設的作業架台、接設的電源應全部拆除。徹底地清理場地後，才可辦理移交驗收。

第 20 條　經相關人員檢查檢修項目、檢修品質全部符合檢修標

準，驗收簽字後檢修人員才可撤除懸掛的警告牌。凡是已撤除警告牌的設備均視為有電或有物料，檢修人員不得進入設備內部或檢查傳動裝置。

9 供氣運行管理辦法

第1章　總則

第 1 條　為加強供用氣管理，規範供氣系統設備和管道操作工作，以確保公司生產經營正常供用氣，特制定本規定。

第 2 條　公司根據供氣系統的實際情況，配備相應的專業人員，明確各級職責，加強供氣管理。

第 3 條　供氣管理要做到「供氣有計劃、用氣有指標、消耗有定額、節氣有措施、考核有獎懲」等原則。

第2章　供用氣管理工作要求

第 4 條　公司須制定並嚴格執行鍋爐、供氣管網運行規程，水質處理技術規程，設備維修規程，安全技術規程等。

第 5 條　公司須完善各種基礎技術資料，包括供氣管網系統圖、供氣管網施工竣工圖、鍋爐用煤（油）的品質分析資料等。

第 6 條　供用氣工作要求狠抓鍋爐節煤（油）、節水、節氣工作，做到合理運行，努力降低消耗和成本。

第3章　供用氣設施設備管理

第 7 條　外購蒸氣和鍋爐產氣一級計量儀表配備率須達到 97%。

第 8 條　工廠用氣二級計量儀表、主要用氣崗位儀表配備率要達

到 100%，其他須達到 80%以上。

　　第 9 條　　工段主要生產用氣工序或設備三級計量儀表配備率達到 100%，其他可達到 60%以上。

　　第 10 條　　所有配備儀表都必須按照週期檢定期限進行檢定，檢定率要達到 100%。

　　第 11 條　　定期組織蒸氣鍋爐和借用氣系統的熱平衡測試、分析工作，不斷提高鍋爐熱效率。採用新型保溫材料，以做到保溫層齊全完整，降低熱損失，提高換熱設備的效率，使供用氣設備和供用氣幹管單位面積熱損失達到標準，不斷提高熱能的利用率。

　　第 12 條　　設備動力相關人員定期、分批進行鍋爐用煤（油）質分析檢驗。

　　第 13 條　　嚴格控制鍋爐給水水質和排煙含塵及氣體成分，從而保證達到處理技術和環保排放標準。

第 4 章　節約用氣管理

　　第 14 條　　公司定期組織節約用氣檢查，對節約用氣有顯著成績或嚴重違反用氣規定的部門和個人實施獎懲。

　　第 15 條　　公司嚴格執行並監督蒸氣冷凝水的回收。

　　第 16 條　　公司的生產用氣與生活用氣必須分開。

第 5 章　供用氣安全管理

　　第 17 條　　嚴格執行法律法規。

　　第 18 條　　停送蒸氣、增減氣量須由公司統一組織並指導。

　　第 19 條　　停送氣或倒換備用蒸氣管道時，嚴格按操作順序進行操作。

　　第 20 條　　定期組織安全檢查，做好事故預防工作，保證其安全運行。

10 供電運行管理辦法

第 1 章　總則

第 1 條　目的。

為規範操作供電設備，確保其運行穩定，維護設備安全，特制定本辦法。

第 2 條　適用範圍。

本辦法適用於公司所有供電設備的運行管理。

第 3 條　供電設備運行管理的主要內容。

(1)運行中的巡視管理。

(2)變配電室管理。

(3)運行中的異常情況處置。

(4)檔案管理。

第 2 章　巡視管理

第 4 條　巡視次數與時間安排。

(1)變配電室的值班電工每班巡視兩次高壓開關櫃。

(2)值班電工每 2 小時巡視一次變壓器。

(3)值班電工每週巡視一次落地電錶箱。

(4)值班電工每 2 週巡視一次轄區線路。

(5)遇大風雨或發生故障時，公司應臨時增加巡視次數。

第 5 條　巡視記錄。

變配電室的值班電工須按照規定的次數進行檢查、巡視、監控，記錄每次巡視的時間、設備、結果等，並做好交接工作。

第 6 條　變配電室巡視內容。

(1)巡視變壓器的油位、油色是否正常,運行是否過負荷、是否漏油。

(2)巡視配電櫃有無聲響和異味,各種儀表指示是否正常,各種導線的接頭是否有過熱或燒傷的痕跡,接線是否良好。

(3)巡視配電室防小動物設施是否良好,各種標示物、標示牌是否完好,安全用具是否齊全、是否放於規定的位置。

(4)按時開關轄區內的路燈或燈飾。

第 7 條　線路巡視項目。

(1)電杆有無傾斜、損壞、基礎下沉現象,如有則採取措施。

(2)沿線有無堆積易燃物、危險建築物,如有應進行處理。

(3)拉線和扳樁是否完好,綁線是否緊固,若有缺陷應設法處理。

(4)導線接頭是否良好,絕緣子有無破損,若有則更換。

(5)避雷裝置的接地是否良好,若有缺陷應設法處理。

(6)對於電纜線路,應檢查電纜頭、瓷套管有無破損和放電痕跡,油浸紙電纜還應檢查是否漏油。

(7)檢查暗敷電纜沿線的蓋板是否完好,路線標樁是否完整,電纜溝內是否有積水,接地是否良好。

第 8 條　巡視中發現問題處理。

(1)變配電室的值班電工在巡視中發現的問題,小問題由當班電工及時採取措施處理即可,如遇處理不了的問題應急時上報給組長,在組長的協調下加以解決。

(2)處理問題時應嚴格遵守公司制定的供配電設備設施安全操作標準作業規程和設備維護保養標準的規定。

第 3 章　變配電室管理

第 9 條　執行變配電室工作制度。

(1)變配電室的值班人員，在動力設備經理的領導下工作。

(2)動力設備經理負責制定變配電室的管理制度。

(3)變配電室的值班人員要嚴格執行變配電室的管理制度。

第 10 條　變配電室日常工作規範。

(1)變配電室的設備正常運行時，非值班人員不得入內，若要進入則須經公司設備部同意，在值班人員的陪同下進入變配電室。

(2)變配電室內禁止存放易燃、易爆物品，須消防器材齊全，禁止吸煙。

(3)變配電室每班打掃一次室內衛生。每週清掃一次設備。

(4)值班人員履行交接班制度，按規定時間交接班，值班員未辦完交接手續時，不得擅離崗位。

(5)接班人員應聽取交班人員的交代，查看運行記錄，檢查工具、物品是否齊全，確認無誤後，在《值班記錄》上簽名。

(6)在處理事故時，一般不得交接班。如事故一時難以處理完畢，由交班人員負責繼續處理，接班人員協助處理，也可在接班的值班員同意和上級主管部門同意後，進行交接班。

第 4 章　異常情況處理

第 11 條　觸電急救。

發現有人觸電時，當班電工應保持清醒的頭腦立即組織搶救。搶救方法如下。

(1)脫離電源。

救護人員應根據觸電場合和觸電電壓的不同，採取適當的方法使觸電者脫離電源。

①低壓觸電時，應首先切斷電源開關，離開關太遠時用絕緣的杆棒把電線挑開。脫離電源要快，必須爭分奪秒。

②若離配電室較遠，可採用拋擲金屬物使高壓短路，迫使高壓短

路器的自動保護裝置跳閘自動切斷電源。拋擲金屬物時，救護人員應注意自身的安全。

(2)現場搶救。

觸電人員脫離電源後，應根據傷勢情況進行處理。

①觸電者尚未失去知覺時，應使其保持安靜，並立即請醫生進行救護，密切觀察症狀變化。

②觸電者失去知覺，但有呼吸心跳時，應使其安靜的仰臥，將衣服放鬆使其呼吸順暢。若出現呼吸困難並有抽筋現象，應進行人工呼吸並及時送醫院診治。

③觸電者呼吸和心跳都停止時，注意不能視為死亡，應立即對其進行人工呼吸，直到觸電者呼吸正常或者醫生趕到為止。

第 12 條　變配電室火災處理。

(1)變配電室發生火災時，當班人員應立即切斷電源，使用乾粉滅火器或二氧化碳滅火器滅火。

(2)立即打火警電話 119 報警，注意講清地點、失火對象，爭取在最短的時間內得到有效的撲救。

第 13 條　變配電室浸水處理。

(1)變配電室遭水浸時，應根據進水的多少進行處理。一般應先切斷電源開關，同時盡力阻止進水。

(2)當漏水堵住後，立即排水並進行電器設備除濕處理。

(3)當確認濕氣已除、絕緣電阻達到規定值時，值班人員可開機試運行。

(4)經判斷無異常情況後投入正常運行。

第 5 章　檔案管理

第 14 條　檔案種類。

供電設備的檔案包括以下幾類。

(1)電氣平面圖、設備原理圖、接線圖等圖紙。

(2)使用電壓、頻率、功率、實測電流等有關數據。

(3)《運行記錄》、《維修記錄》、《巡視記錄》及大修後的《試驗報告》等各項記錄。

第 15 條　檔案管理。

供電設備檔案由動力設備主管負責。

(1)《運行記錄》、《巡視記錄》由值班電工每週上報動力設備主管一次。

(2)《維修記錄》及大修後的《試驗報告》則在設備修理、試驗完成後由值班電工及時上報動力設備主管。

心得欄

臺灣的核心競爭力, 就在這裏!

圖 書 出 版 目 錄

下列圖書是由臺灣的憲業企管顧問(集團)公司所出版, 以專業立場, 50 餘位顧問師為企業界提供最專業的各種經營管理類圖書。

1.傳播書香社會, 直接向本出版社購買, 一律 9 折優惠, 郵遞費用由本公司負擔。 服務電話(02)27622241 (03)9310960 傳真(03)9310961

2.付款方式: 請將書款轉帳到我公司下列的銀行帳戶。
 ‧銀行名稱:合作金庫銀行(敦南分行) 帳號:5034-717-347447
 公司名稱:憲業企管顧問有限公司
 ‧郵局劃撥號碼:18410591 郵局劃撥戶名:憲業企管顧問公司

3.圖書出版資料隨時更新, 請見網站 www.bookstore99.com

經營顧問叢書

25	王永慶的經營管理	360 元		100	幹部決定執行力	360 元
32	企業併購技巧	360 元		106	提升領導力培訓遊戲	360 元
33	新產品上市行銷案例	360 元		114	職位分析與工作設計	360 元
47	營業部門推銷技巧	390 元		116	新產品開發與銷售	400 元
52	堅持一定成功	360 元		122	熱愛工作	360 元
56	對準目標	360 元		124	客戶無法拒絕的成交技巧	360 元
58	大客戶行銷戰略	360 元		125	部門經營計劃工作	360 元
60	寶潔品牌操作手冊	360 元		129	邁克爾‧波特的戰略智慧	360 元
72	傳銷致富	360 元		130	如何制定企業經營戰略	360 元
76	如何打造企業贏利模式	360 元		132	有效解決問題的溝通技巧	360 元
78	財務經理手冊	360 元		135	成敗關鍵的談判技巧	360 元
79	財務診斷技巧	360 元		137	生產部門、行銷部門績效考核手冊	360 元
85	生產管理制度化	360 元		138	管理部門績效考核手冊	360 元
86	企劃管理制度化	360 元				
91	汽車販賣技巧大公開	360 元		139	行銷機能診斷	360 元
97	企業收款管理	360 元		140	企業如何節流	360 元

141	責任	360元
142	企業接棒人	360元
144	企業的外包操作管理	360元
146	主管階層績效考核手冊	360元
147	六步打造績效考核體系	360元
148	六步打造培訓體系	360元
149	展覽會行銷技巧	360元
150	企業流程管理技巧	360元
152	向西點軍校學管理	360元
154	領導你的成功團隊	360元
155	頂尖傳銷術	360元
156	傳銷話術的奧妙	360元
160	各部門編制預算工作	360元
163	只為成功找方法，不為失敗找藉口	360元
167	網路商店管理手冊	360元
168	生氣不如爭氣	360元
170	模仿就能成功	350元
176	每天進步一點點	350元
181	速度是贏利關鍵	360元
183	如何識別人才	360元
184	找方法解決問題	360元
185	不景氣時期，如何降低成本	360元
186	營業管理疑難雜症與對策	360元
187	廠商掌握零售賣場的竅門	360元
188	推銷之神傳世技巧	360元
189	企業經營案例解析	360元
191	豐田汽車管理模式	360元
192	企業執行力（技巧篇）	360元
193	領導魅力	360元
198	銷售說服技巧	360元
199	促銷工具疑難雜症與對策	360元
200	如何推動目標管理（第三版）	390元
201	網路行銷技巧	360元
202	企業併購案例精華	360元
204	客戶服務部工作流程	360元
206	如何鞏固客戶（增訂二版）	360元
208	經濟大崩潰	360元
209	鋪貨管理技巧	360元
212	客戶抱怨處理手冊(增訂二版)	360元

215	行銷計劃書的撰寫與執行	360元
216	內部控制實務與案例	360元
217	透視財務分析內幕	360元
219	總經理如何管理公司	360元
222	確保新產品銷售成功	360元
223	品牌成功關鍵步驟	360元
224	客戶服務部門績效量化指標	360元
226	商業網站成功密碼	360元
228	經營分析	360元
229	產品經理手冊	360元
230	診斷改善你的企業	360元
232	電子郵件成功技巧	360元
233	喬‧吉拉德銷售成功術	360元
234	銷售通路管理實務〈增訂二版〉	360元
235	求職面試一定成功	360元
236	客戶管理操作實務〈增訂二版〉	360元
237	總經理如何領導成功團隊	360元
238	總經理如何熟悉財務控制	360元
239	總經理如何靈活調動資金	360元
240	有趣的生活經濟學	360元
241	業務員經營轄區市場（增訂二版）	360元
242	搜索引擎行銷	360元
243	如何推動利潤中心制度（增訂二版）	360元
244	經營智慧	360元
245	企業危機應對實戰技巧	360元
246	行銷總監工作指引	360元
247	行銷總監實戰案例	360元
248	企業戰略執行手冊	360元
249	大客戶搖錢樹	360元
250	企業經營計劃〈增訂二版〉	360元
252	營業管理實務（增訂二版）	360元
253	銷售部門績效考核量化指標	360元
254	員工招聘操作手冊	360元
255	總務部門重點工作（增訂二版）	360元
256	有效溝通技巧	360元
257	會議手冊	360元

258	如何處理員工離職問題	360 元
259	提高工作效率	360 元
261	員工招聘性向測試方法	360 元
262	解決問題	360 元
263	微利時代制勝法寶	360 元
264	如何拿到 VC（風險投資）的錢	360 元
265	如何撰寫職位說明書	360 元
267	促銷管理實務〈增訂五版〉	360 元
268	顧客情報管理技巧	360 元
269	如何改善企業組織績效〈增訂二版〉	360 元
270	低調才是大智慧	360 元
272	主管必備的授權技巧	360 元
275	主管如何激勵部屬	360 元
276	輕鬆擁有幽默口才	360 元
277	各部門年度計劃工作（增訂二版）	360 元
278	面試主考官工作實務	360 元
279	總經理重點工作（增訂二版）	360 元
282	如何提高市場佔有率（增訂二版）	360 元
283	財務部流程規範化管理（增訂二版）	360 元
284	時間管理手冊	360 元
285	人事經理操作手冊（增訂二版）	360 元
286	贏得競爭優勢的模仿戰略	360 元
287	電話推銷培訓教材（增訂三版）	360 元
288	贏在細節管理（增訂二版）	360 元
289	企業識別系統 CIS（增訂二版）	360 元
290	部門主管手冊（增訂五版）	360 元
291	財務查帳技巧（增訂二版）	360 元
292	商業簡報技巧	360 元
293	業務員疑難雜症與對策（增訂二版）	360 元
294	內部控制規範手冊	360 元
295	哈佛領導力課程	360 元
296	如何診斷企業財務狀況	360 元

297	營業部轄區管理規範工具書	360 元
298	售後服務手冊	360 元
299	業績倍增的銷售技巧	400 元
300	行政部流程規範化管理（增訂二版）	400 元
301	如何撰寫商業計畫書	400 元
302	行銷部流程規範化管理（增訂二版）	400 元
303	人力資源部流程規範化管理（增訂四版）	420 元
304	生產部流程規範化管理（增訂二版）	400 元
305	績效考核手冊(增訂二版)	400 元
306	經銷商管理手冊(增訂四版)	420 元

《商店叢書》

10	賣場管理	360 元
18	店員推銷技巧	360 元
30	特許連鎖業經營技巧	360 元
35	商店標準操作流程	360 元
36	商店導購口才專業培訓	360 元
37	速食店操作手冊〈增訂二版〉	360 元
38	網路商店創業手冊〈增訂二版〉	360 元
40	商店診斷實務	360 元
41	店鋪商品管理手冊	360 元
42	店員操作手冊（增訂三版）	360 元
43	如何撰寫連鎖業營運手冊〈增訂二版〉	360 元
44	店長如何提升業績〈增訂二版〉	360 元
45	向肯德基學習連鎖經營〈增訂二版〉	360 元
46	連鎖店督導師手冊	360 元
47	賣場如何經營會員制俱樂部	360 元
48	賣場銷量神奇交叉分析	360 元
49	商場促銷法寶	360 元
50	連鎖店操作手冊（增訂四版）	360 元
51	開店創業手冊〈增訂三版〉	360 元
52	店長操作手冊（增訂五版）	360 元
53	餐飲業工作規範	360 元
54	有效的店員銷售技巧	360 元

55	如何開創連鎖體系〈增訂三版〉	360 元
56	開一家穩賺不賠的網路商店	360 元
57	連鎖業開店複製流程	360 元
58	商鋪業績提升技巧	360 元
59	店員工作規範（增訂二版）	400 元
60	連鎖業加盟合約	

《工廠叢書》

5	品質管理標準流程	380 元
9	ISO 9000 管理實戰案例	380 元
10	生產管理制度化	360 元
11	ISO 認證必備手冊	380 元
12	生產設備管理	380 元
13	品管員操作手冊	380 元
15	工廠設備維護手冊	380 元
16	品管圈活動指南	380 元
17	品管圈推動實務	380 元
20	如何推動提案制度	380 元
24	六西格瑪管理手冊	380 元
30	生產績效診斷與評估	380 元
32	如何藉助 IE 提升業績	380 元
35	目視管理案例大全	380 元
38	目視管理操作技巧（增訂二版）	380 元
46	降低生產成本	380 元
47	物流配送績效管理	380 元
49	6S 管理必備手冊	380 元
51	透視流程改善技巧	380 元
55	企業標準化的創建與推動	380 元
56	精細化生產管理	380 元
57	品質管制手法〈增訂二版〉	380 元
58	如何改善生產績效〈增訂二版〉	380 元
67	生產訂單管理步驟〈增訂二版〉	380 元
68	打造一流的生產作業廠區	380 元
70	如何控制不良品〈增訂二版〉	380 元
71	全面消除生產浪費	380 元
72	現場工程改善應用手冊	380 元
75	生產計劃的規劃與執行	380 元
77	確保新產品開發成功（增訂四版）	380 元

78	商品管理流程控制(增訂三版)	380 元
79	6S 管理運作技巧	380 元
80	工廠管理標準作業流程〈增訂二版〉	380 元
81	部門績效考核的量化管理（增訂五版）	380 元
82	採購管理實務〈增訂五版〉	380 元
83	品管部經理操作規範〈增訂二版〉	380 元
84	供應商管理手冊	380 元
85	採購管理工作細則〈增訂二版〉	380 元
86	如何管理倉庫（增訂七版）	380 元
87	物料管理控制實務〈增訂二版〉	380 元
88	豐田現場管理技巧	380 元
89	生產現場管理實戰案例〈增訂三版〉	380 元
90	如何推動 5S 管理（增訂五版）	420 元
91	採購談判與議價技巧	420 元
92	生產主管操作手冊(增訂五版)	420 元
93	機器設備維護管理工具書	420 元

《醫學保健叢書》

1	9 週加強免疫能力	320 元
3	如何克服失眠	320 元
4	美麗肌膚有妙方	320 元
5	減肥瘦身一定成功	360 元
6	輕鬆懷孕手冊	360 元
7	育兒保健手冊	360 元
8	輕鬆坐月子	360 元
11	排毒養生方法	360 元
12	淨化血液 強化血管	360 元
13	排除體內毒素	360 元
14	排除便秘困擾	360 元
15	維生素保健全書	360 元
16	腎臟病患者的治療與保健	360 元
17	肝病患者的治療與保健	360 元
18	糖尿病患者的治療與保健	360 元
19	高血壓患者的治療與保健	360 元
22	給老爸老媽的保健全書	360 元
23	如何降低高血壓	360 元

24	如何治療糖尿病	360 元
25	如何降低膽固醇	360 元
26	人體器官使用說明書	360 元
27	這樣喝水最健康	360 元
28	輕鬆排毒方法	360 元
29	中醫養生手冊	360 元
30	孕婦手冊	360 元
31	育兒手冊	360 元
32	幾千年的中醫養生方法	360 元
34	糖尿病治療全書	360 元
35	活到 120 歲的飲食方法	360 元
36	7 天克服便秘	360 元
37	為長壽做準備	360 元
39	拒絕三高有方法	360 元
40	一定要懷孕	360 元
41	提高免疫力可抵抗癌症	360 元
42	生男生女有技巧〈增訂三版〉	360 元

《培訓叢書》

11	培訓師的現場培訓技巧	360 元
12	培訓師的演講技巧	360 元
14	解決問題能力的培訓技巧	360 元
15	戶外培訓活動實施技巧	360 元
16	提升團隊精神的培訓遊戲	360 元
17	針對部門主管的培訓遊戲	360 元
20	銷售部門培訓遊戲	360 元
21	培訓部門經理操作手冊（增訂三版）	360 元
22	企業培訓活動的破冰遊戲	360 元
23	培訓部門流程規範化管理	360 元
24	領導技巧培訓遊戲	360 元
25	企業培訓遊戲大全(增訂三版)	360 元
26	提升服務品質培訓遊戲	360 元
27	執行能力培訓遊戲	360 元
28	企業如何培訓內部講師	360 元
29	培訓師手冊（增訂五版）	420 元

《傳銷叢書》

4	傳銷致富	360 元
5	傳銷培訓課程	360 元
7	快速建立傳銷團隊	360 元
10	頂尖傳銷術	360 元

11	傳銷話術的奧妙	360 元
12	現在輪到你成功	350 元
13	鑽石傳銷商培訓手冊	350 元
14	傳銷皇帝的激勵技巧	360 元
15	傳銷皇帝的溝通技巧	360 元
17	傳銷領袖	360 元
18	傳銷成功技巧（增訂四版）	360 元
19	傳銷分享會運作範例	360 元

《幼兒培育叢書》

1	如何培育傑出子女	360 元
2	培育財富子女	360 元
3	如何激發孩子的學習潛能	360 元
4	鼓勵孩子	360 元
5	別溺愛孩子	360 元
6	孩子考第一名	360 元
7	父母要如何與孩子溝通	360 元
8	父母要如何培養孩子的好習慣	360 元
9	父母要如何激發孩子學習潛能	360 元
10	如何讓孩子變得堅強自信	360 元

《成功叢書》

1	猶太富翁經商智慧	360 元
2	致富鑽石法則	360 元
3	發現財富密碼	360 元

《企業傳記叢書》

1	零售巨人沃爾瑪	360 元
2	大型企業失敗啟示錄	360 元
3	企業併購始祖洛克菲勒	360 元
4	透視戴爾經營技巧	360 元
5	亞馬遜網路書店傳奇	360 元
6	動物智慧的企業競爭啟示	320 元
7	CEO 拯救企業	360 元
8	世界首富　宜家王國	360 元
9	航空巨人波音傳奇	360 元
10	傳媒併購大亨	360 元

《智慧叢書》

1	禪的智慧	360 元
2	生活禪	360 元
3	易經的智慧	360 元
4	禪的管理大智慧	360 元
5	改變命運的人生智慧	360 元

6	如何吸取中庸智慧	360 元
7	如何吸取老子智慧	360 元
8	如何吸取易經智慧	360 元
9	經濟大崩潰	360 元
10	有趣的生活經濟學	360 元
11	低調才是大智慧	360 元

《DIY 叢書》

1	居家節約竅門 DIY	360 元
2	愛護汽車 DIY	360 元
3	現代居家風水 DIY	360 元
4	居家收納整理 DIY	360 元
5	廚房竅門 DIY	360 元
6	家庭裝修 DIY	360 元
7	省油大作戰	360 元

《財務管理叢書》

1	如何編制部門年度預算	360 元
2	財務查帳技巧	360 元
3	財務經理手冊	360 元
4	財務診斷技巧	360 元
5	內部控制實務	360 元
6	財務管理制度化	360 元
8	財務部流程規範化管理	360 元
9	如何推動利潤中心制度	360 元

為方便讀者選購，本公司將一部分上述圖書又加以專門分類如下：

《企業制度叢書》

1	行銷管理制度化	360 元
2	財務管理制度化	360 元
3	人事管理制度化	360 元
4	總務管理制度化	360 元
5	生產管理制度化	360 元
6	企劃管理制度化	360 元

《主管叢書》

1	部門主管手冊（增訂五版）	360 元
2	總經理行動手冊	360 元
4	生產主管操作手冊	380 元
5	店長操作手冊（增訂五版）	360 元
6	財務經理手冊	360 元
7	人事經理操作手冊	360 元
8	行銷總監工作指引	360 元

9	行銷總監實戰案例	360 元

《總經理叢書》

1	總經理如何經營公司(增訂二版)	360 元
2	總經理如何管理公司	360 元
3	總經理如何領導成功團隊	360 元
4	總經理如何熟悉財務控制	360 元
5	總經理如何靈活調動資金	360 元

《人事管理叢書》

1	人事經理操作手冊	360 元
2	員工招聘操作手冊	360 元
3	員工招聘性向測試方法	360 元
4	職位分析與工作設計	360 元
5	總務部門重點工作	360 元
6	如何識別人才	360 元
7	如何處理員工離職問題	360 元
8	人力資源部流程規範化管理（增訂三版）	360 元
9	面試主考官工作實務	360 元
10	主管如何激勵部屬	360 元
11	主管必備的授權技巧	360 元
12	部門主管手冊（增訂五版）	360 元

《理財叢書》

1	巴菲特股票投資忠告	360 元
2	受益一生的投資理財	360 元
3	終身理財計劃	360 元
4	如何投資黃金	360 元
5	巴菲特投資必贏技巧	360 元
6	投資基金賺錢方法	360 元
7	索羅斯的基金投資必贏忠告	360 元
8	巴菲特為何投資比亞迪	360 元

《網路行銷叢書》

1	網路商店創業手冊〈增訂二版〉	360 元
2	網路商店管理手冊	360 元
3	網路行銷技巧	360 元
4	商業網站成功密碼	360 元
5	電子郵件成功技巧	360 元
6	搜索引擎行銷	360 元

《企業計劃叢書》

1	企業經營計劃〈增訂二版〉	360 元

在海外出差的‧‧‧‧‧‧‧‧
台灣上班族

愈來愈多的台灣上班族，到海外工作（或海外出差），對工作的努力與敬業，是台灣上班族的核心競爭力；一個明顯的例子，返台休假期間，台灣上班族都會抽空再買書，設法充實自身專業能力。

　　［憲業企管顧問公司］以專業立場，為企業界提供最專業的各種經營管理類圖書。

　　85%的台灣上班族都曾經有過購買（或閱讀）［憲業企管顧問公司］所出版的各種企管圖書。

　　建議你：工作之餘要多看書，加強競爭力。

建立企業圖書館

當市場競爭激烈時：

培訓員工，強化員工競爭力
是企業最佳對策

「人才」是企業最大的財富。如何提升人才，是企業永續經營、戰勝對手的核心競爭力。積極培訓公司內部員工，是經濟不景氣時期的最佳戰略，而最快速的具體作法，就是「建立企業內部圖書館，鼓勵員工多閱讀、多進修專業書籍」

建議您：請一次購足本公司所出版各種經營管理類圖書，作為貴公司內部員工培訓圖書。使用率高的（例如「贏在細節管理」），準備 3 本；使用率低的（例如「工廠設備維護手冊」），只買 1 本。

工廠叢書 ⑬　　　　　　　　　　售價：420 元

機器設備維護管理工具書

西元二〇一四年十月　　　　　　　　初版一刷

編著：　陳力偉

策劃：麥可國際出版有限公司（新加坡）

編輯：蕭玲

校對：劉飛娟

發行人：黃憲仁

發行所：憲業企管顧問有限公司

電話：（02）2762-2241　　（03）9310960　　0930872873

電子郵件聯絡信箱：huang2838@yahoo.com.tw

銀行 ATM 轉帳：合作金庫銀行　　帳號：5034-717-347447

郵政劃撥：18410591　　憲業企管顧問有限公司

江祖平律師顧問：紙品書、數位書著作權與版權均歸本公司所有

登記證：行政業新聞局版台業字第 6380 號

本公司徵求海外版權出版代理商　（0930872873）

本圖書是由憲業企管顧問（集團）公司所出版，以專業立場，為企業界提供最專業的各種經營管理類圖書。

圖書編號 ISBN：978-986-369-005-4